高等职业教育机电类专业系列教材

维修电工

主　编　潘世丽　薛守强　肖　剑
副主编　赵大勇　卢美鸿
参　编　赵立普　戴　娟
主　审　张　盛

中国轻工业出版社

图书在版编目（CIP）数据

维修电工/潘世丽，薛守强，肖剑主编. —北京：中国轻工业出版社，2025.8

高等职业教育"十三五"规划教材

ISBN 978-7-5184-0763-7

Ⅰ.①维… Ⅱ.①潘… ②薛… ③肖… Ⅲ.①电工—维修—高等职业教育—教材 Ⅳ.①TM07

中国版本图书馆 CIP 数据核字（2015）第 310817 号

责任编辑：张文佳
文字编辑：姜瑞雪　　　责任终审：劳国强　　　封面设计：锋尚设计
版式设计：砚祥志远　　　责任校对：李　靖　　　责任监印：张　可

出版发行：中国轻工业出版社（北京鲁谷东街 5 号，邮编：100040）
印　　刷：北京君升印刷有限公司
经　　销：各地新华书店
版　　次：2025 年 8 月第 1 版第 7 次印刷
开　　本：787×1092　1/16　印张：8.75
字　　数：200 千字
书　　号：ISBN 978-7-5184-0763-7　定价：25.00 元
邮购电话：010-85119873
发行电话：010-85119832　010-85119912
网　　址：http://www.chlip.com.cn
Email：club@chlip.com.cn
版权所有　侵权必究
如发现图书残缺请与我社邮购联系调换
251334J2C107ZBW

前 言

为推动维修电工职业培训和职业技能鉴定工作的开展,在维修电工从业人员中推行国家职业资格证书制度,本教材从职业能力培养的角度出发,力求体现职业培训的规律,满足职业技能培训与鉴定考核的需要。

本教材紧紧围绕江苏省职业技能鉴定《维修电工》的考核要求编写。在编写中贯穿"以职业标准为依据,以企业需求为导向,以职业能力为核心"的理念,采用项目化的编写方式。全书按职业技能分为10个项目,主要内容包括常用低压电器的认识与排故、三相异步电动机基本线路的安装及排故、三相异步电动机启动线路的安装及排故、三相异步电动机停车线路的安装及排故、三相异步电动机调速线路的安装及排故、常见机床(车床、磨床、镗床、铣床、钻床)控制线路的分析与检修、基于PLC控制的各种电机线路设计及接线排故、中级PLC实操训练、常用电子测量仪器的使用、典型电子产品的装接与调试。每一单元内容在涵盖国家职业技能鉴定考核基本要求的基础上,详细介绍了本职业岗位工作中要求掌握的新实用知识和技术。

在该书的编写过程中,我们始终坚持了以下几点原则:

(1) 严格遵照国家职业标准中关于各专业和各等级的标准,坚持标准化,力求使内容覆盖职业技能鉴定的各项要求。

(2) 坚持以培养技能型人才为方向,从职业(岗位)分析入手,将考核国家技能鉴定题库作为该书的编写重点,注重理论联系实际,力求系统而又全面,以满足各个级别考证人员的需求,突出该书的实用性。

(3) 内容新颖,突出时代感,力求较多地介绍新知识、新技术、新工艺、新方法等内容,力求使该书的内容有所创新,使其简明易懂,为广大的读者所乐用。

本书项目一到项目四以及项目六由潘世丽编写,项目五由肖剑编写,项目七由赵大勇编写,项目八由卢美鸿编写,项目九与项目十由薛守强编写。赵立普提供了部分电气图纸,戴娟进行了文字校对,张盛担任主审,在此一并表示感谢。

由于编者水平有限,书中缺点、疏漏及不足之处在所难免,恳请读者、同仁予以指正,以便进一步完善本书。

编 者
2015 年 11 月

目 录

项目一 常用低压电器的认识及排故 ·· 1
    任务一 低压开关 ··· 1
    任务二 熔断器、主令电器 ··· 5
    任务三 接触器 ··· 9
    任务四 常用继电器 ··· 13

项目二 三相异步电动机基本线路的安装及排故 ·························· 25
    任务一 正转控制电路 ·· 25
    任务二 正反转控制电路 ·· 27

项目三 三相异步电动机启动线路的安装及排故 ·························· 32
    任务一 接触器控制的串电阻启动控制电路 ································ 32
    任务二 Y-△形降压启动控制电路 ·· 34
    任务三 自耦变压器降压启动控制电路 ······································· 36
    任务四 延边三角形降压启动控制电路 ······································· 38

项目四 三相异步电动机停车线路的安装及排故 ·························· 41
    任务一 电磁抱闸制动 ·· 41
    任务二 反接制动 ··· 42
    任务三 能耗制动 ··· 46

项目五 三相异步电动机调速线路的安装及排故 ·························· 49
    任务一 三相异步电动机的变极调速 ·· 49
    任务二 三相异步电动机的变频调速 ·· 52

项目六 常见机床（车床、磨床、镗床、铣床、钻床）控制线路的分析与检修 ·· 55
    任务一 CA6140型车床电路的控制 ··· 55
    任务二 M7120型平面磨床电路的控制 ····································· 59
    任务三 X62W万能铣床电路的控制 ·· 67
    任务四 T68卧式镗床电路的控制 ·· 73
    任务五 Z3040钻床电路的控制 ··· 80

项目七 基于PLC控制的各种电机线路设计及接线排故 ················ 85
    任务一 电动机起保停控制线路的PLC设计 ······························ 85
    任务二 电动机正反转控制线路的PLC设计 ······························ 86
    任务三 电动机Y/△降压启动的PLC控制 ································ 88
    任务四 电动机顺序启动的PLC设计 ··· 89

项目八 中级PLC实操训练 ·· 91
    任务一 加工中心换刀控制线路的PLC设计 ······························ 91
    任务二 机械手的PLC设计 ·· 95

任务三　运料小车控制线路的PLC设计 …………………………………… 98
　　任务四　交通灯控制线路的PLC设计 …………………………………… 100
项目九　常用电子测量仪器的使用 ………………………………………………… 104
　　任务一　示波器的使用 …………………………………………………………… 104
　　任务二　函数信号发生器的使用 ………………………………………………… 110
　　任务三　交流毫伏表的使用 ……………………………………………………… 112
项目十　典型电子产品的装接与调试 ……………………………………………… 114
　　任务一　稳压电源的装接与调试 ………………………………………………… 114
　　任务二　OTL功放电路的装接与调试 …………………………………………… 122
　　任务三　调光灯电路的装接与调试 ……………………………………………… 128
参考文献 ……………………………………………………………………………… 133

项目一 常用低压电器的认识及排故

项目目标
  掌握开关电器的原理与作用
  掌握熔断器、主令电器的原理与作用
  掌握接触器的原理与作用
  掌握继电器的原理与作用

【知识目标】
掌握低压电器的结构原理与作用。
【技能目标】
会使用万用表对低压电器进行测量及排故。

任务一 低压开关

知识链接 1　结构及原理

刀开关的种类很多，在电力拖动控制线路中最常用的是由刀开关和熔断器组合而成的负荷开关。负荷开关分为开启式负荷开关和封闭式负荷开关两种。

1. 开启式负荷开关

开启式负荷开关又称为瓷底胶盖开关，简称闸刀开关。适用于照明、电热设备及小容量电动机控制线路中，供手动不频繁地接通和分断电路，并起短路保护作用。

（1）型号及含义　如图 1-1 所示。

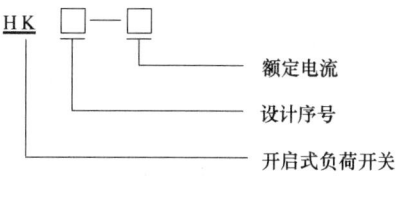

图 1-1

（2）结构　HK 系列负荷开关由刀开关和熔断器组合而成，结构和电路符号如图 1-2 所示。开关的瓷底座上装有进线座、静触头、熔体、出线座和带瓷质手柄的刀式动触头，上面盖有胶盖以防止电弧飞出灼伤人手。

（3）选用　这种开关分有两极和三极两种，用于照明和电热负载时，选用额定电压 220V 或 250V，额定电流不小于电路所有负载额定电流之和的两极开关。开关用于控制电动机的直接启动和停止时，选用额达电压 380V 或 500V，额定电流不小于电动机额定电流

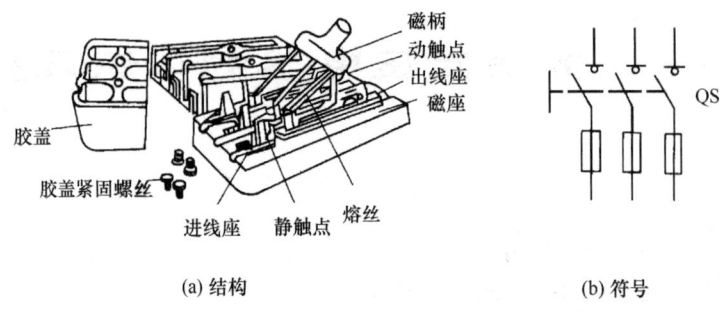

图1-2 HK系列开启式负荷开关及符号

3倍的三极开关。

（4）安装与使用 在安装开启式负荷开关时，应注意将电源进线装在静触点上，将用电负荷接在开关下的出线端上。这样当开关断开时，闸刀和熔丝均不带电，保证更换熔丝安全。闸刀在合闸状态时，手柄应向上，不可倒装或平装，以防误合闸。

2. 封闭式负荷开关

封闭式负荷开关又称铁壳开关，主要用于手动不频繁的接通和断开带负载的电路，也可用于控制15kW以下的交流电动机不频繁的直接启动和停止。

（1）型号及含义

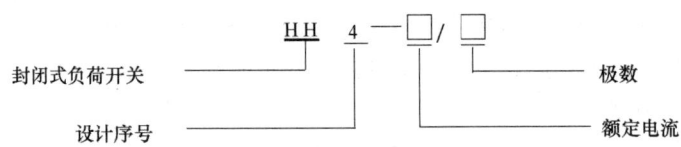

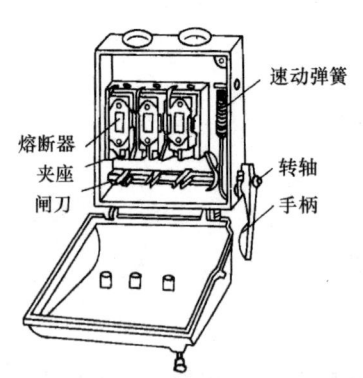

图1-3 封闭式负荷开关

（2）结构 常用封闭式负荷开关结构如图1-3所示。

它主要由刀开关、熔断器、操作机构和外壳组成。这种开关的操作机构具有以下两个特点：一是采用了弹簧储能分合闸，有利于迅速熄灭电弧，从而提高开关的通断能力；二是设有联锁装置，以保证开关在合闸状态下开关盖不能开启，而当开关盖开启时又不能合闸，确保操作安全。

（3）安装与使用 在安装封闭式负荷开关时，应保证开关的金属外壳可靠接地或接零，防止因意外漏电而发生触点事故。接线时，应将电源线接在静触点的接线端上，负荷接在熔断器一端。

知识链接2 转换开关

转换开关又叫组合开关，它体积小、灭弧性能比刀开关好，接线方式多，操作方便，常用于交流380V、直流220V以下的电气线路中，供手动不频繁的接通或分断电路，也可控制5kW以下小容量异步电动机的启动、停止和正反转。

1. 型号及含义

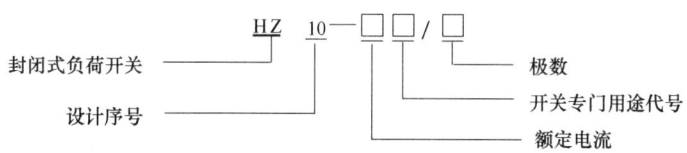

2. 结构

HZ10-10/3型转换开关内部结构与外形如图1-4所示。

这种转换开关有三对静触点，每一静触点的一端固定在绝缘垫板上，另一端伸出盒外，并附有接线柱，以便和电源线及用电设备的导线相连接。三对动触点由两个磷铜片或紫铜片和灭弧性能良好的绝缘钢纸板铆接而成，和绝缘垫板一起套有附有手柄的绝缘杆上，手柄能沿任何一个方向每次旋转90°，带动三个动触点分别与三对静触点接通或断开，顶盖部分由凸轮、弹簧及手柄等构成操作机构，此操作机构由于采用了弹簧储能使开关快速闭合及分断，保证开关在切断负荷电流时所产生的电弧能迅速熄灭，其分断与闭合的速度和手柄旋转速度无关。

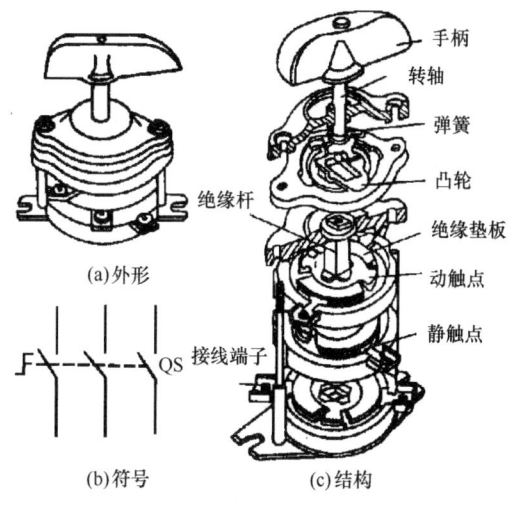

图1-4 HZ10-10/3型转换开关

3. 选用

转换开关应根据电源种类、电压等级、所需触点数、接线方式和负载容量进行选择。用于直接控制异步电动机的启动和正、反转时，开关的额定电流一般取电动机额定电流的1.5~2.5倍。

知识链接3 自动空气开关

自动空气开关又称自动开关或自动空气断路器。在低压电路中，用于分断和接通负荷电路，控制电动机运行和停止。当电路发生过载、短路、失压、欠压等故障时，它能自动切断故障电路，保护电路和用电设备的安全。

自动空气开关具有操作安全、安装使用方便、工作可靠、动作值可调、分断能力强、兼顾多种保护、动作后不需要更换元件等优点，因此得到广泛应用。

自动空气开关种类很多，本书仅介绍用于电力拖动自动控制线路中的塑壳式（又称装置式）自动开关。

1. 型号及含义

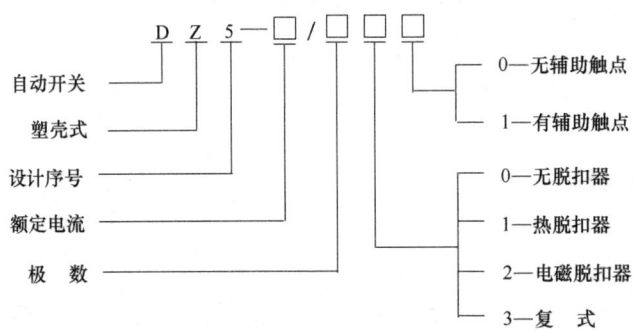

2. 结构及工作原理

DZ5-20型自动空气开关的外形与结构如图1-5所示。它主要由动、静触点、灭弧装置、操作机构、热脱扣器、电磁脱扣器及外壳等部分组成。

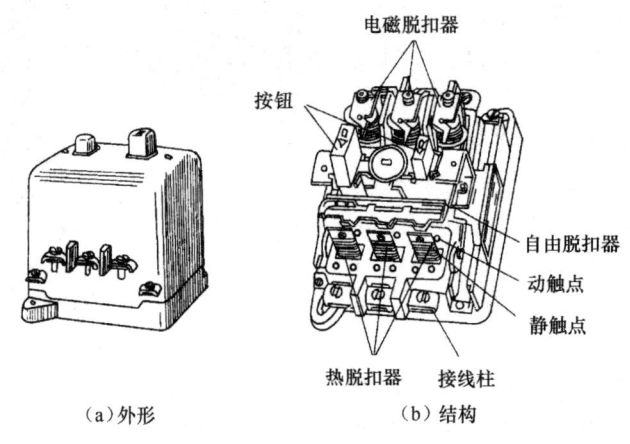

图1-5 DZ5-20型自动空气开关

其结构采用立体布置，操作机构在中间，上面是由加热元件和双金属片等构成的热脱扣器，作为过载保护，配有电流调节装置，调节整定电流。下面是由线圈和铁心等构成的热脱扣器，作短路保护，它也有一个电流整定装置，调节瞬时脱扣整定电流。主触点在操作机构后面，配有栅片灭弧装置，用以接通和分断主回路的大电流。另外还有常开和常闭辅助触点各一对。在外壳顶部还伸出接通（绿色）和分断（红色）按钮，通过储能弹簧和杠杆机构实现自动开关的手动接通和分断操作。

自动空气开关的工作原理和电路符号如图1-6与图1-7所示。

图中开关的三对主触点串接在被保护的三相主电路中，当按下绿色按钮时，主电路中的三对主触点由锁扣钩住搭钩，克服弹簧的拉力，保持闭合状态，搭钩可绕轴转动。若主电路工作正常，热脱扣器的发热元件温度不高，不会使双金属片弯曲到顶动连杆的程度。电磁脱扣器的线圈磁力不大，不能吸引衔铁去拨动连杆，自动开关正常吸合，向负载供电。若主电路发生过载或短路，电流超过热脱扣器或电磁脱扣器整定值时，双金属片或衔铁将拨动连杆，使搭钩被顶离锁扣，弹簧的拉力使主触点系统分离而切断主电路。一旦电源电压低于整定值（或失去电压），线圈的磁力减弱，衔铁受弹簧拉力向上运动，顶起连杆，使搭钩与锁扣脱离而断开主触点，起欠（失）压保护作用。

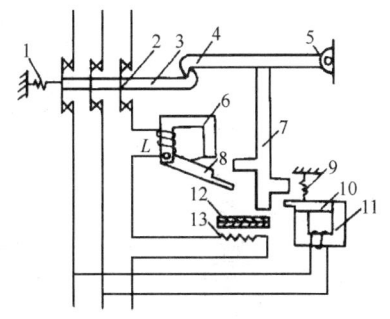

图1-6 自动开关工作原理图
1—弹簧 2—主触点 3—锁扣 4—搭钩
5—转轴 6—电磁脱扣器 7—连杆 8—衔铁
9—拉力弹簧 10—欠压脱扣器衔铁
11—欠压脱扣器 12—双金属片 13—热元件

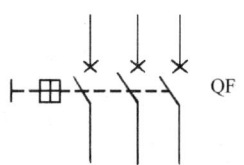

图1-7 自动开关电路符号

3. 一般选用原则

（1）自动空气开关的额定电压和额定电流应高于线路的正常工作电压和电流。
（2）热脱扣器的整定电流应等于所控制负载的额定电流。
（3）电磁脱扣器的瞬时脱扣整定电流应不小于电动机起动电流的1.7倍。

另外选用自动开关时，在类型、等级、规格等方面要配合上、下级开关的保护特性，不允许因本级保护失灵导致越级跳闸，扩大停电范围。

任务二 熔断器、主令电器

知识链接1 瓷插式熔断器

RC1A系列瓷插式熔断器主要用于380V三相电路和220V单项电路作保护电器。它具有结构简单、价格低廉、更换熔丝方便等优点。

其主要由瓷座、瓷盖、静触点、动触点和熔丝等组成，如图1-8所示。瓷座中部有一空腔，与瓷盖的凸出部分构成灭弧室。60A以上的瓷插式熔断器空腔还垫有编织石棉层，用以加强灭弧功能。

知识链接2 螺旋式熔断器

RL1系列螺旋式熔断器用于交流电压380V及以下，电流在200A以内的线路和用电设备的过载和短路保护。它具有熔断快、分断能力强、体积小、结构紧凑、更换熔丝方便、安全可靠和熔丝断后标志明显等优点，主要由瓷帽、熔断管（熔芯）、瓷套、上下接线桩及底座等组成，如图1-9所示。熔断管内除装有熔丝外，还填满起灭弧作用的石英砂。熔断管的上盖中心装有红色熔断指示器，一旦熔丝熔断，指示器即从熔断管上盖中脱落，并可从瓷盖上的玻璃窗口直接发现，以便拆换熔断管。

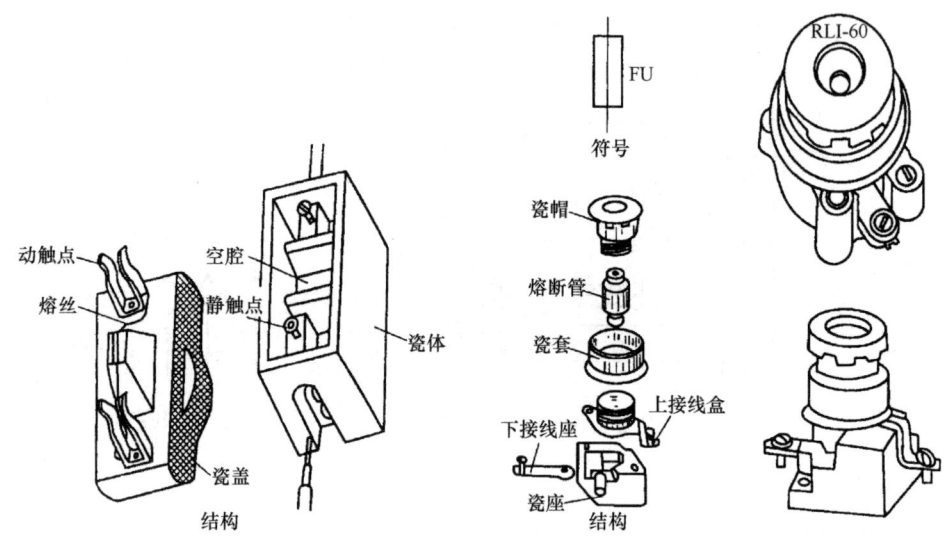

图1-8 瓷插式熔断器　　　　图1-9 螺旋式熔断器

螺旋式熔断器接线时，电源进线必须与熔断器中心触片接线桩相连，与负载的连线应接在与螺口相连的上接线桩上，这样在旋出瓷帽并更换熔断管时，金属螺口不带电，有利于操作人员的安全。

知识链接3　主令电器

主令电器是一种非自动切换的小电流开关电器，它在控制电路中的作用是发布命令去控制接触器、继电器或其他电器执行元件的电磁线圈，使电路接通或分断，从而达到控制电力拖动系统的启动与停止以及改变系统的工作状态，如正转与反转等，实现生产机械的自动控制。由于它专门发送命令或信号，故称为"主令电器"，也称"主令开关"。

一、按钮

按钮又称按钮开关，是一种手动控制电器。它只能短时接通或分断5A以下的校电流电路，向其他电器发出指令性的电信号，控制其他电器动作。由于按钮载流量小，不能直接用它控制主电路的分断。

1. 常用按钮型号含义

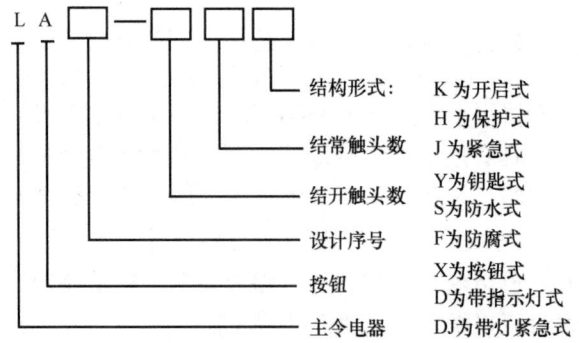

2. 结构

按钮开关一般由按钮帽、复位弹簧、桥式动触点、静触点和外壳等组成，其外形、结构及符号如图1-10所示。按钮开关按照用途和触点的结构不同分为停止按钮（常闭按钮）、启动按钮（常开按钮）及复合按钮（组合按钮）。

3. 选用与安装

按钮的选用应根据使用场合、被控制电路所需触点数目及按钮帽的颜色等方面综合考虑。使用前，应检查按钮帽弹性是否正常，动作是否自如，触点接触是否良好可靠。按钮安装在面板上时，应布置合理，排列整齐，安装应牢固，停止按钮用红色，起动按钮用绿色或黑色。

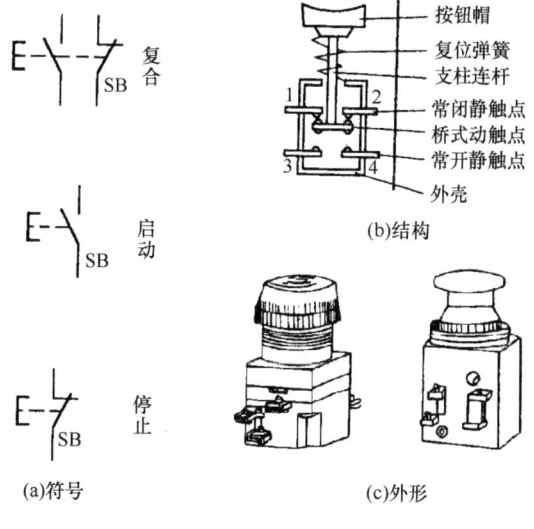

图1-10 按钮开关

二、位置开关

位置开关是操动机构在机器的运动部件到达一个预定位置时操作的一种指示开关，它包括行程开关、接近开关等。

1. 行程开关

行程开关又称限位开关，是一种利用生产机械某些运动部件的碰撞来发出控制指令的主令电器，用于控制生产机械的运动方向、行程大小或位置保护。

（1）行程开关型号含义

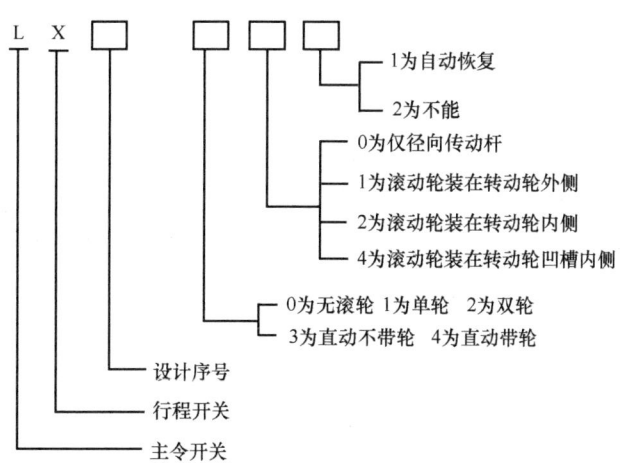

（2）结构及工作原理 各系列行程开关的基本结构大体相同，都是由触点系统、操作机构及外壳组成。

行程开关的工作原理和按钮相同，区别只是它不靠手指的按压，而利用生产机械运动部件的挡铁碰压而使触点动作。其结构和动作原理如图1-11所示,当生产机械撞块碰触行程开关滚轮时,使传动杠杆和转轴一起转动,转轴上的凸轮推动推杆使微动开关动作,接通常开触点,分断常闭触点,指令生产机械停车、反转或变速。

为了适应生产机械对行程开关的碰撞,行程开关与生产机械的碰撞部分有不同的结构形式,常用的碰撞部分有按钮式(直动式)和滚轮式(旋转式),其中滚轮式又有单滚轮式和双滚轮式两种。

常用行程开关如图1-12所示。

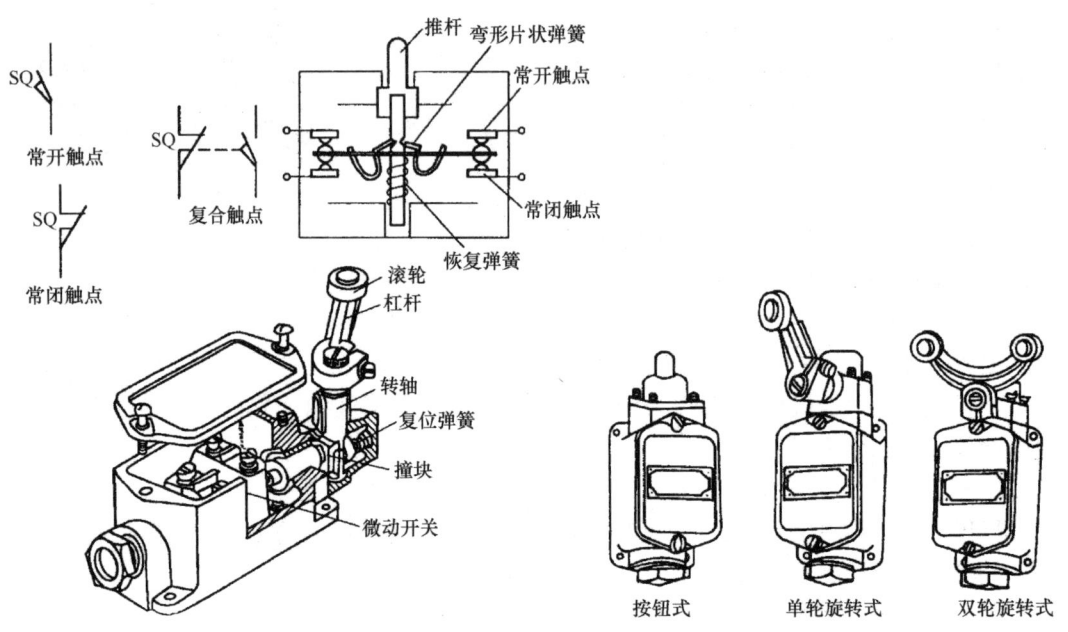

图1-11 行程开关符号及动作原理　　　　图1-12 常用行程开关外

（3）选用　行程开关主要根据动作要求、安装位置及触点数量等因素考虑选择。

2. 接近开关

接近开关又称为无触点位置开关,是一种与运动部件无机械接触而能操作的位置开关。当运动的物体靠近接近开关到一定位置时,开关发出信号,达到行程控制、计数及自动控制的作用。由于它的使用精度高(感应面距离可小到几十微米)、操作频率高(每秒几十至几百次)、寿命长、耐冲击震动、耐潮湿、体积小(但另需有触点继电器做输出器)等优点,广泛应用于自动控制系统中。

接近开关的结构种类较多,通常做成插接式、螺纹式、感应头外接式等,主要根据不同使用场合和安装方式来确定。在技术性能方面做到高电位输出及带延时动作。

三、凸轮控制器

凸轮控制器是按照预定的顺序接通和切断电路的电器,常用于控制电动机的起动、调速、正反转和制动等。它由手柄、定位机构、框架、灭弧罩、转轴、凸轮和触点等组成,是一种手动电器。图1-13是凸轮控制器的结构原理图。

凸轮控制器的图形符号及触点通断表示方法如图1-14所示。万能转换开关的手柄操作位置是以角度表示的。不同型号的万能转换开关的手柄状态有不同的触点闭合方式。由于万能转换开关触点的分合状态与操作手柄的位置有关，因此，除在电路图中画出触点图形符号外，还应画出操作手柄与触点分合状态的关系。图1-14中当万能转换开关打向左45°时，触点1-2、3-4、5-6闭合，触点7-8打开；打向0°时，只有触点5-6闭合；打向右45°时，触点7-8闭合，其余打开。

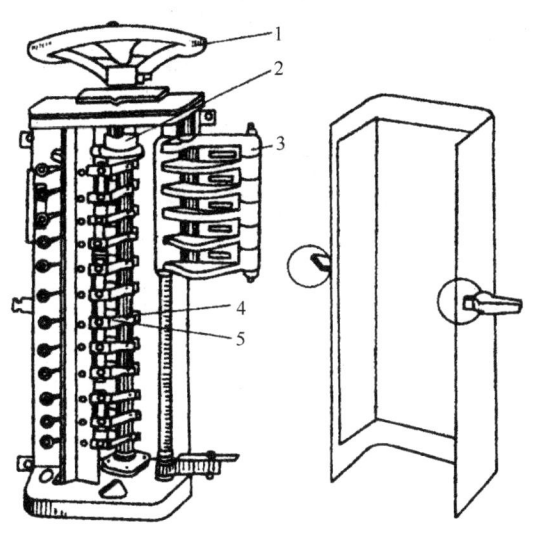

图1-13 凸轮控制器机构原理图　　图1-14 凸轮控制器图形符号
1—手轮　2—转轴　3—灭弧罩　4—动触头　5—静触点

任务三　接触器

知识链接1　交流接触器

常用的交流接触器有CJ0、CJ10和CJ20等系列产品，本节以CJ10为例介绍交流接触器。

1. 型号及含义

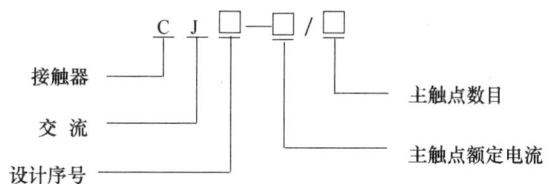

2. 基本结构

交流接触器的结构主要由触头系统、电磁系统、灭弧装置三大部分组成，另外还有反作用力弹簧、缓冲弹簧、触头压力弹簧和传统机构部分。图1-15（a）是CJ10-20型交流接触器的结构图。

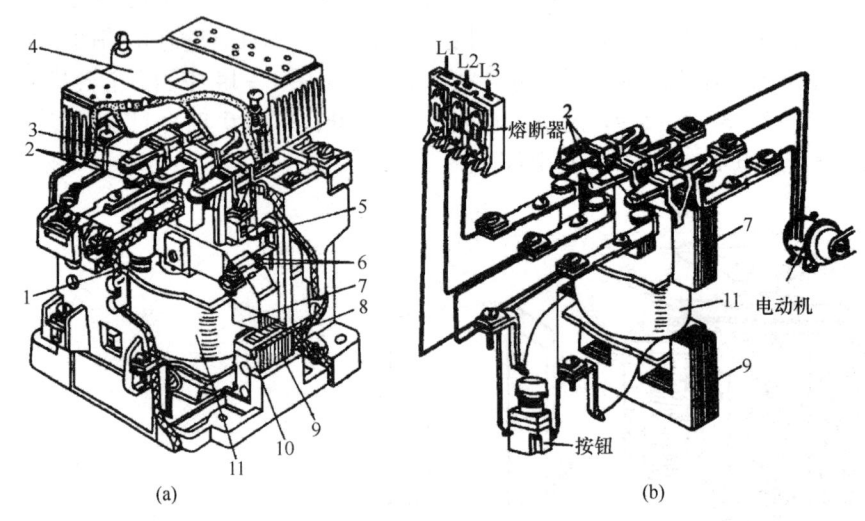

图 1-15 交流接触器的结构与工作原理
1—反作用弹簧 2—主触点 3—触点压力弹簧 4—灭弧罩 5—辅助常闭触点 6—辅助常开触点
7—动铁心 8—缓冲弹簧 9—静铁心 10—短路环 11—线圈

（1）电磁系统 电磁系统由电磁线圈、静铁心、动铁心（衔铁）等组成。其中动铁心与动触点支架相连。电磁线圈通电时产生磁场，使动、静铁心磁化而相互吸引，当动铁心被吸引向静铁心时，与动铁心相连的动触点也被拉向静触点，令其闭合接通电路。电磁线圈断电后，磁场消失，动铁心在复位弹簧作用下回到原位，牵动动触点与静触点分离，分断电路。交流接触器动作原理如图 1-15（b）所示。

为了减少工作过程中交变磁场在铁心中产生的涡流及磁滞损耗，避免铁心过热，交流接触器的铁心和衔铁一般用 E 形硅钢片叠压铆成。

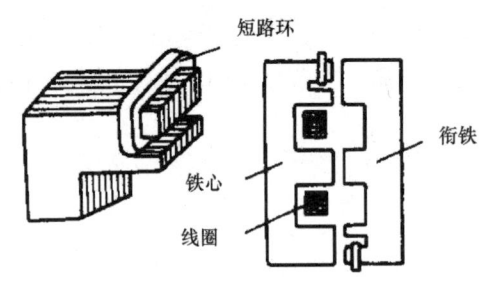

图 1-16 铁心上的短路环

交流接触器的铁心上有一个短路铜环，称为短路环，如图 1-16 所示。短路环的作用是减少交流接触器吸合时产生的震动和噪声。当线圈中通以交流电流时，铁心中产生的磁通也是交变的，对衔铁的吸力也是变化的。当磁通经过最大值时，铁心对衔铁的吸力最大；当磁通经过零值时，铁心对衔铁的吸力也为零，衔铁受复位弹簧的反作用力有释放的趋势，这时衔铁不能被铁心吸牢，造成铁心震动，发出噪声，使人感到疲劳，并使衔铁与铁心磨损，造成触头接触不良，产生电弧灼伤触头。为了消除这种现象，在铁心上装有短路铜环。

当线圈通电后，产生线圈电流的同时，在短路环中产生感应电流，两者由于相位不同，各自产生的磁通的相位也不同，在线圈电流产生的磁通为零时，感应电流产生的磁通不为零而产生吸力,吸住衔铁,使衔铁始终被铁心吸牢,这样会使震动和噪声显著减小。气隙越小,短路环的作用越大,震动和噪声也越小。

(2)触点系统　触点系统按功能不同分为主触点和辅助触点两类。主触点用以通断电流较大的主电路;辅助触点用以通断电流较小的控制电路,还能起自锁和联锁等作用,一般由两对常开和两对常闭触点组成。所谓触点的常开和常闭,是指电磁系统在未通电动作时触点的状态。常开触点和常闭触点是联动的。

按结构形式划分,交流接触器的触头有桥式触点和指形触点两种,如图1-17所示。无论是桥式触点或指形触点,在触点上都装有压力弹簧以减小接触电阻并消除开始接触时产生的有害震动。

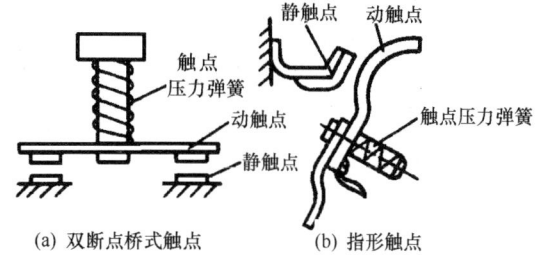

图1-17　触点的结构形式

(3)灭弧装置　交流接触器在分断较大电流电路时,在动、静触点之间将产生较强的电弧,它不仅会烧伤触点、延长电路分断时间,严重时还会造成相间短路。因此在容量稍大的电气装置中,均加装了一定的灭弧装置用以熄灭电弧。交流接触器中常用的灭弧方法有以下几种:

1)电动灭弧　利用触点断开时,本身的电动力把电弧拉长,以扩大电弧散热面积,使电弧在拉长过程中,大量散热而迅速熄灭。电弧灭弧如图1-18所示。

2)双断口灭弧　这种灭弧方法适用于桥式触点。它将电弧自然分成两段,在各段上利用电动力加快散热速度而灭弧。其装置如图1-19所示。

3)纵缝灭弧　这种灭弧方法是借助于灭弧罩来完成灭弧任务。灭弧罩制成纵缝,且上宽下窄,如图1-20所示。触点伸入灭弧罩下部宽缝中。触点分断时产生的电弧随热气流上升,在窄缝中传给室壁降温而熄弧。

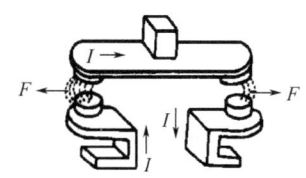
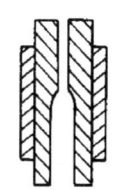

图1-18　电动灭弧　　　图1-19　双断口灭弧　　　图1-20　纵缝灭弧

4)栅片灭弧　栅片灭弧要借助灭弧罩完成。这种灭弧罩用陶土或石棉水泥制成。灭弧罩内装有镀铜薄铁片组成的灭弧罩,各灭弧栅之间相互绝缘,触点分断电路时产生电弧,电弧又产生磁场,灭弧栅片是导磁材料,它将电弧上部的磁通通过灭弧栅片形成闭合回路。由于电弧的磁通上部稀疏、下部稠密,这种下密上疏的磁场分布将对电弧产生由下至上的电磁力,将电弧推入灭弧栅片中去,被灭弧栅片分割成几段短电弧,这不仅使栅片之间的电弧电压低于燃弧电压,而且通过栅片吸收电弧热量,使电弧很快熄灭。栅片灭弧示意图如图1-21所示。

（4）辅助部件　交流接触器除了上述三个主要部分外，还有反作用弹簧、缓冲弹簧、触头压力弹簧、传动装置及底座、接线柱等。

交流接触器在电路图中的符号如图1-22所示。

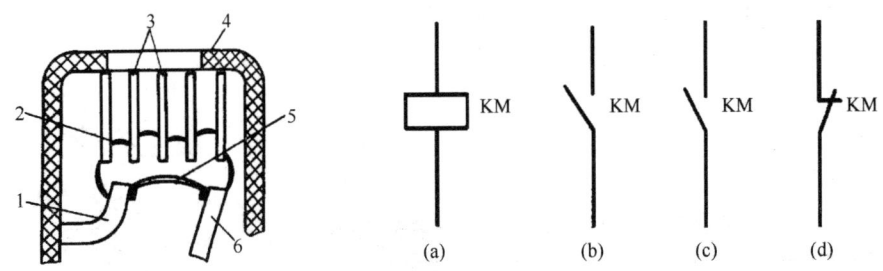

图1-21　栅片灭弧装置
1—静触点　2—短电弧　3—灭弧栅片
4—灭弧罩　5—电弧　7—动触点

图1-22　接触器符号
（a）线圈　（b）主触点　（c）辅助常开触点
（d）辅助常闭触点

3. 选用与安装

电力拖动系统中，交流接触器可按下列方法选用：

（1）接触器主触点的额定电压应大于或等于被控制电路的最高电压。

（2）接触器主触点的额定电流应大于被控制电路的最大工作电流。用交流接触器控制电动机时，主触点的额定电流应大于电动机的额定电流。

（3）接触器电磁线圈的额定电压应与被控制辅助电路电压一致。对于简单电路，多用380V或220V；在线路较复杂或有低压电源的场合或工作环境有特殊要求时，也可选用36V、110V电压等。

（4）接触器的触点数量和种类应满足主电路和控制电路的要求。

交流接触器的工作环境要求清洁、干燥。应将交流接触器垂直安装在底板上，注意安装位置不得受到剧烈震动，因为剧烈震动容易造成触点抖动，严重时会发生误动作。

知识链接2　直流接触器

直流接触器是用于远距离接通和分断直流电路及频繁地操作和控制直流电动机的一种自动控制电器。常用的有CZ0系列，另外还有CZ17、CZ18、CZ21等多个系列，广泛应用于冶金、机械和机床的电气控制设备中。

1. 型号及含义

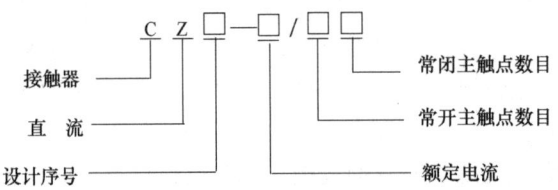

2. 结构

直流接触器的结构和工作原理与交流接触器的基本相同，但也有一些区别。其结构主要由电磁系统、触点系统和灭弧装置三部分组成。

（1）电磁系统　直流接触器的电磁系统由线圈、铁心和衔铁组成。由于线圈中通的是直流电，在铁心中不会产生涡流，所以铁心可用整块铸钢或铸铁制成，并且不需要短路环。线圈匝数较多，电阻大，为了使线圈散热良好，通常将线圈做成长而薄的圆筒状。

（2）触点系统　直流接触器的触点也有主、辅之分。由于主触点通断电流较大，故采用滚动接触的指形触点。辅助触点通断电流较小，故采用双断点桥式触点。

（3）灭弧装置　直流接触器的主触点在断开较大直流电流电路时，会产生强烈的电弧，容易烧坏触点而不能连续工作。为了迅速使电弧熄灭，直流接触器一般采用磁吹式灭弧装置，利用磁吹力的作用将电弧拉长，并在空气和灭弧罩中快速冷却，从而使电弧迅速熄灭。

直流接触器由于通的是直流电，没有冲击启动电流，所以不会产生铁心猛烈撞击的现象，因此它的寿命长，适用于频繁启动的场合。其在电路图中的符号与交流接触器相同。

任务四　常用继电器

知识链接1　热继电器

热继电器是一种利用电流的热效应来对电动机或其他用电设备进行过载保护的控制电器。

电动机在运行过程中，如果长期过载、频繁启动、欠电压运行或断相运行等都可能使电动机的电流超过它的额定值。如果电流超过额定值的量不大，熔断器在这种情况下不会熔断，这样会引起电动机过热，损坏绕组的绝缘，缩短电动机的使用寿命，严重时甚至烧坏电动机。因此必须对电动机采取过载保护措施，最常用的是利用热继电器进行过载保护。

1. 热继电器的型号及含义

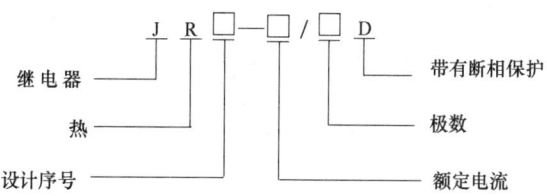

2. 热继电器的结构

热继电器的外形及结构如图1-23所示。它主要由热元件、触点系统、运作机构、复位按钮和整定电流装置等组成。

（1）热元件　有两块，它是热继电器的主要部分，由主双金属片及围绕在双金属片外面的电阻丝组成。双金属片是由两种热膨胀系数不同的金属片焊接而成的，如铁镍铬金和铁镍合金。电阻丝一般由康铜、镍铬合金等材料制成，使用时将电阻丝直接串接在异步电

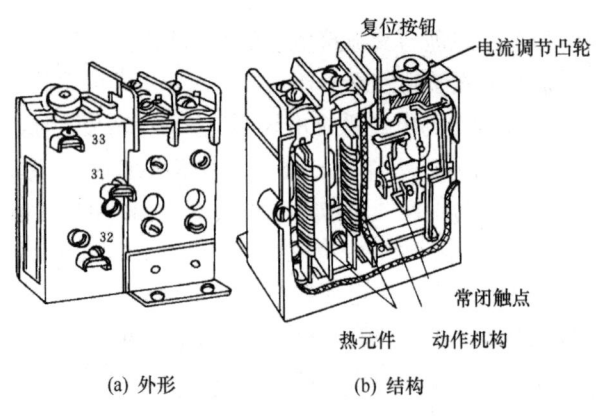

(a) 外形　　(b) 结构

图 1-23　热继电器外形结构

动机的两相电路中。

（2）触点系统　触头由常闭触点和常开触点组成。

（3）动作机构　由导板、温度补偿双金属片、推杆、动触头连杆和弹簧等组成。

（4）复位按钮　用于继电器动作后的手动复位。

（5）整定电流装置　由带偏心轮的旋钮来调节整定电流值。

3. 热继电器的工作原理

如图 1-24 所示，当电动机绕组因过载引起过载电流时，发热元件所产生的热量足以使主双金属片弯曲，推动导板向右移动，又推动了温度补偿片，使推杆绕轴转动，推动动触点连杆，使动触点与静触点分开，从而使电动机线路中的接触器线圈断电释放，将电源切断，起到了保护作用。

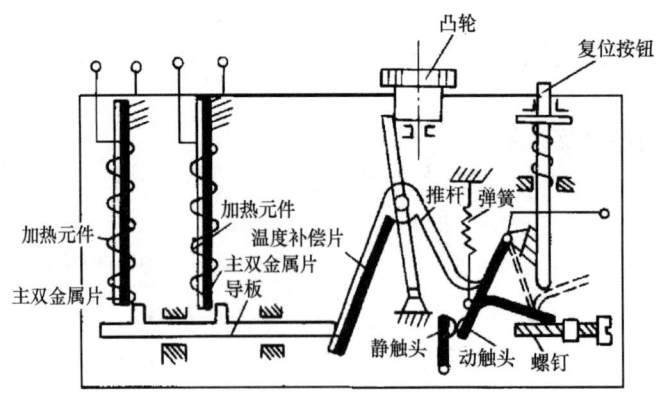

图 1-24　热继电器原理图

温度补偿片用来补偿环境温度对热继电器动作精度的影响，它是由与主双金属片同类的双金属片制成。当环境温度变化时，温度补偿片与主双金属片都在同一方向上产生附加弯曲，因而补偿了环境温度的影响。

热继电器动作后的复位有手动复位和自动复位两种。

手动复位：将调节螺钉拧出一段距离，使触点的转动超过一定角度，当双金属片冷却后，头不能自动复位，这时必须按下复位按钮使触点复位，与触头闭合。

自动复位：切断电源后，热继电器开始冷却，过一段时间双金属片恢复原状，触点在弹簧的作用下自动复位与触点闭合。

热继电器的符号如图1-25所示。

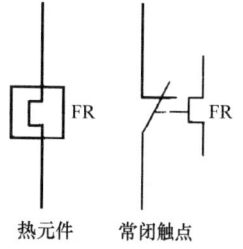

图1-25 热继电器符号

4. 热继电器的整定电流

热继电器的整定电流是指热继电器长期不动作的最大电流，超过此值就会动作。

整定电流的调整如下：热继电器中凸轮上方是整定旋钮，刻有整定电流值的标尺；旋动旋钮时，凸轮压迫支撑杆绕交点左右移动，支撑杆向左移动时，推杆与连杆的杠杆间隙加大，热继电器的热元件动作电流增大，反之动作电流减小。

当过载电流超过整定电流的1.2倍时，热继电器便要动作。过载电流越大，热继电器开始动作所需时间越短，其过载电流的大小与动作时间关系如表1-1所示。

表1-1　　　　　　　　过载电流与热继电器开始动作的时间关系

整定电流倍数	动作时间	起始状态
1.0	长期不动作	从冷态开始
1.2	小于20min	从热态开始
1.5	小于2min	从热态开始
6	大于5s	从冷态开始

5. 三相结构及带断相保护的热继电器

上述的热继电器只有两个热元件，属于两相结构热继电器。一般情况下，电源的三相电压均衡，电动机的绝缘良好，电动机的三相线电流必相等，所以两相结构的热继电器对电动机的过载能进行保护。但是，当三相电源严重不平衡时，或者电动机的绕组内部发生短路故障时，就有可能使电动机的某一相的线电流比其余的两相线电流高；当恰巧该相线路中没有热元件时，就不可能可靠地起到保护作用，应选用三相结构的热继电器，其结构、动作原理与二相结构的热继电器相似。

热继电器所保护的电动机，如果是Y接法的，当线路上发生一相断路（即缺相）时，另外两组发生过载，此时流过热元件的电流也就是电动机绕组的相电流，普通的热继电器二相或三相结构的都可起到保护作用。如果是△接法，发生一相断相时，局部严重过载，而线电流大于相电流，普通的二相或三相结构的热继电器还不能起到保护作用，此时必须采用三相结构带断相保护的热继电器。如JR16系列热继电器，它具有一般热继电器的保护性能，且当三相电动机一相断路或三相电流严重不平衡时，能及时动作起到断相保护作用。

6. 热继电器的选用

热继电器在选用时，应根据电动机额定电流来确定热继电器的型号及热元件的电流等级。

（1）根据电动机的额定电流选择热继电器的规格，一般应使热继电器的额定电流略大于电动机的额定电流。

(2) 根据需要的整定电流值选择热元件的电流等级。一般情况下，热元件的整定电流为电动机额定电流的 0.95 ~ 1.05 倍。

(3) 根据电动机定子绕组的连接方式选择热继电器的结构形式，即定子绕组作 Y 形连接的电动机选用普通三相结构的热继电器，而作 △ 连接的电动机应选用三相带断相保护装置的热继电器。

知识链接 2　中间继电器

中间继电器是用来增加控制电路中的信号数量或将信号放大的继电器。其输入信号是线圈的通电和断电，输出信号是触点的动作，由于触点的数量较多，所以可以用来控制多个元件或回路。

1. 中间继电器的型号及含义

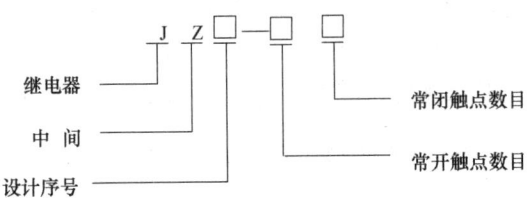

2. 中间继电器的结构及工作原理

中间继电器的基本结构和工作原理与 CJ10 - 10 等小型交流接触器基本相同，它仍然由电磁线圈、动铁心、静铁心、触点系统、反作用弹簧和复位弹簧等组成，如图 1 - 26 所示。它的触点系统无主、辅之分，各对触点载流量基本相同，多为 5A。如果被控制电流在 5A 以下使用，相当于一个小的交流接触器。中间继电器的符号如图 1 - 27 所示。

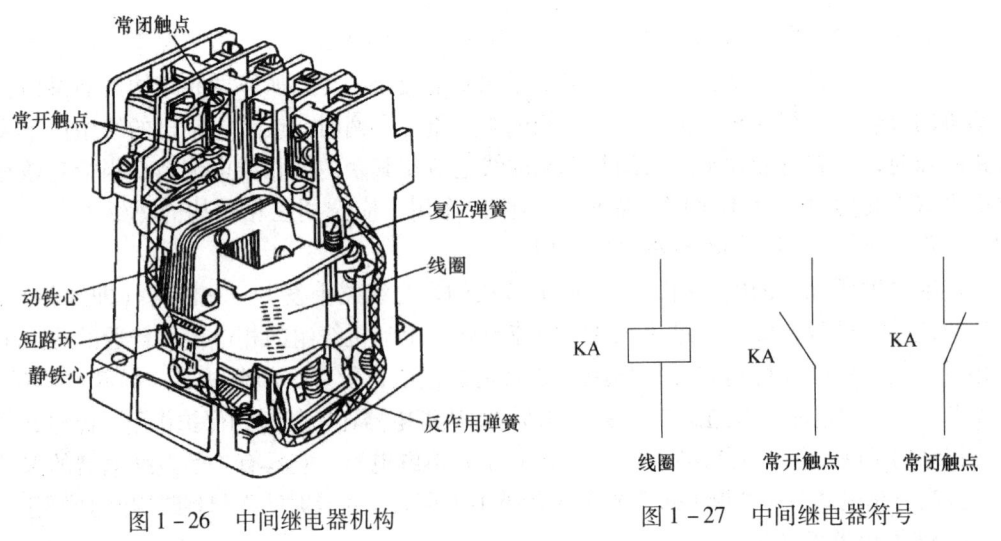

图 1 - 26　中间继电器机构　　　　图 1 - 27　中间继电器符号

3. 中间继电器的选用

中间继电器主要依据被控制电路的电压等级、所需触点对数、种类、容量等要求来选择。

知识链接3 时间继电器

时间继电器是利用电磁原理或机械动作原理实现触点延时闭合或延时断开的自动控制电器。常用的时间继电器主要有电磁式、电动式、空气阻尼式、晶体管式等。它广泛应用于需要按时间控制顺序进行控制的电气控制线路中。

1. 空气阻尼式时间继电器

空气阻尼式时间继电器又称气囊式时间继电器，是利用气囊中的空气通过小孔的原理来获得延时动作的。根据触点延时的特点，可分为通电延时动作型和断电延时复位型两种。

（1）型号及含义

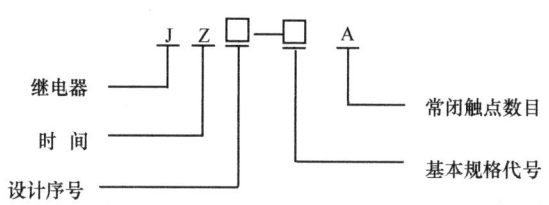

其中，基本规格代号：
1—通电延时，无瞬时触点
2—通电延时，有瞬时触点
3—断电延时，无瞬时触点
4—断电延时，有瞬时触点

时间继电器的符号如图1-28所示。

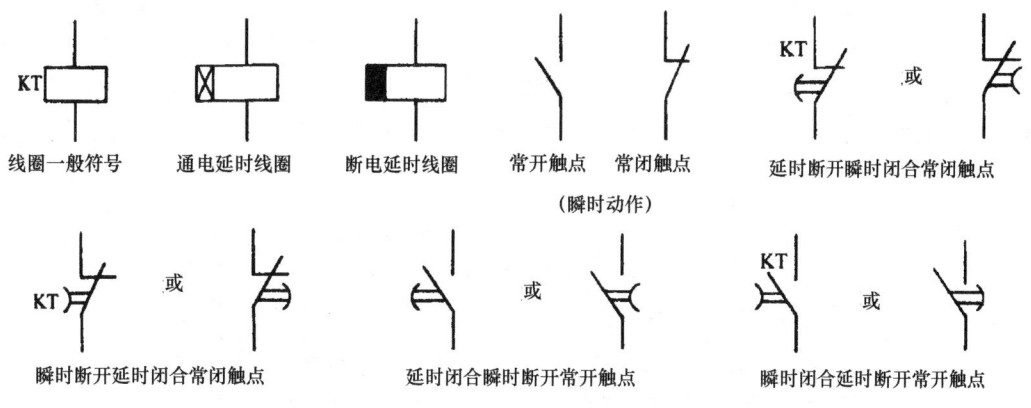

图1-28 时间继电器符号

（2）结构 空气阻尼式时间继电器（JS7-A系列）的外形和结构如图1-29所示，它主要由以下几部分组成：

1）电磁系统 由线圈、铁心和衔铁组成。

2）触点系统 包括两对瞬时触点（一常开、一常闭）和两对延时触点（一常开、一常闭），瞬时触点和延时触点分别是两个微动开关的触点。

3）空气室 空气室为一空腔，由橡皮膜、活塞等组成。橡皮膜可随空气的增减而移动，顶部的调节螺钉可调节延时时间。

4）传动机构 由推杆、活塞杆、杠杆及各种类型的弹簧等组成。

5）基座 用金属制成，用以固定电磁机构和气室。

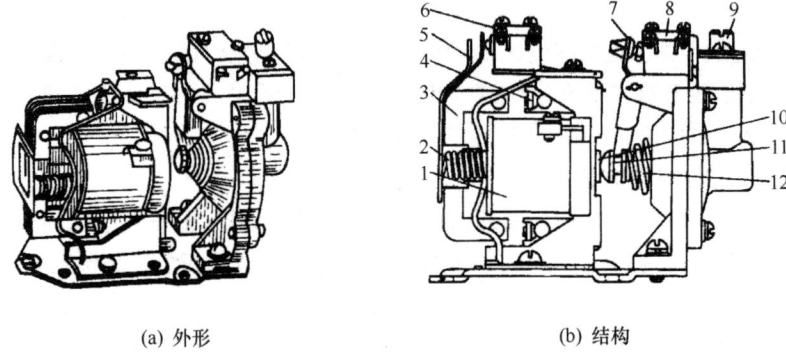

(a) 外形　　　　　　　　　　(b) 结构

图 1-29　空气阻尼式时间继电器外形与结构
1—线圈　2—反力弹簧　3—衔铁　4—铁心　5—弹簧片　6—瞬时触点　7—杠杆
8—延时触点　9—调节螺钉　10—推杆　11—活塞杆　12—宝塔形弹簧

(3) 工作原理　空气阻尼式时间继电器（JS7-A系列）的工作原理示意图如图1-30所示。其中图1-30（a）所示为通电延时型，图1-30（b）所示为通电延时型。

1) 通电延时型　如图1-30（a）所示，它的主要功能是线圈通电后，触点不立即动作，而要延长一段时间才动作；当线圈断电后，触点立即复位。动作过程如下：当线圈通电时，衔铁克服反力弹簧4的阻力，与固定的铁心吸合，活塞杆在宝塔弹簧7的作用下向上移动，空气由进气孔12进入气囊。经过一段时间后，活塞才能完成全部过程，到达最上端，通过杠杆压动微动开关14和16，使常闭触点延时断开，常开触点延时闭合。延时时间的长短取决于节流孔的节流程度，进气越快，延时越短。延时时间的调节通过旋动节

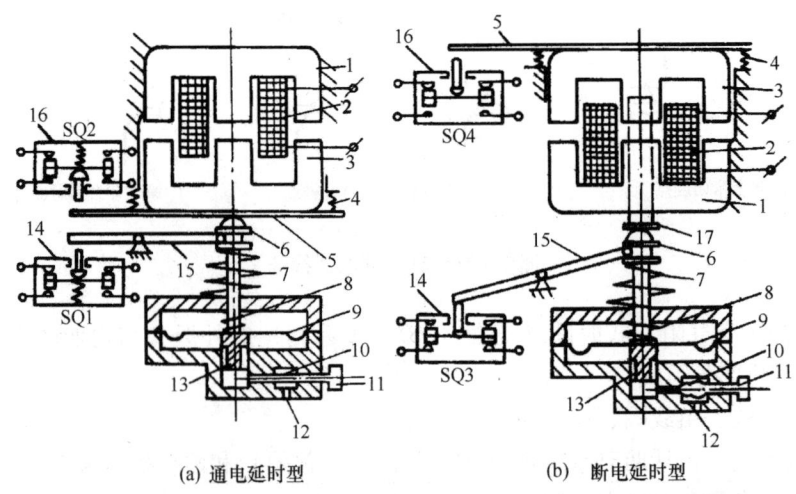

(a) 通电延时型　　　　　　(b) 断电延时型

图 1-30　空气阻尼式时间继电器工作原理图
1—铁心　2—线圈　3—衔铁　4—反力弹簧　5—推板　6—活塞杆　7—宝塔形弹簧
8—弱弹簧　9—橡皮膜　10—节流孔　11—调节螺钉　12—进气孔
13—活塞　14、16—微动开关　15—杠杆　17—推杆

流孔螺钉，改变进气孔的大小。微动开关 SQ_3 在衔铁吸合后，通过推板立即动作，使常闭触点瞬时断开，常开触头瞬时闭合。

当线圈通电时，衔铁在弹簧的作用下，通过活塞杆将活塞推向最下端，这时橡皮膜下方气室内的空气通过橡皮膜，弱弹簧和活塞的局部所形成的单向阀很迅速地从橡皮膜上方气室缝隙中排掉，使微动开关 SQ_4 的常闭触点瞬时闭合，常开触点瞬时断开，而 SQ_3 的触点也瞬时动作，立即复位。

2）断电延时型　如图 1-30（b）所示，它和通电延时型的组成元件是通用的，只是电磁铁翻转 180°。当线圈通电时，衔铁被吸合，带动推板压合微动开关 SQ_1，使常闭触点瞬时断开，常开触点瞬时闭合，同时衔铁压动推杆，使活塞杆克服弹簧的阻力向下移动，通过拉杆使微动开关 SQ_2 也瞬时动作，常闭触点断开，常开触点闭合，没有延时作用。

当线圈断电时，衔铁在反力弹簧的作用下瞬时断开，此时推板复位，使 SQ_1 的各触点瞬时复位，同时使活塞杆在塔式弹簧及气室各元件作用下延时复位，使 SQ_2 的各触点延时动作。

（4）选用

1）根据系统的延时范围和精度选择时间继电器的类型和系列。在延时精度要求不高的场合，一般可选用价格较低的 JS7-A 系列空气阻尼式时间继电器，反之，对精度要求较高的场合，可选用晶体管式时间继电器。

2）根据控制线路的要求选择时间继电器的延时方式（通电延时或断电延时）。同时，还必须考虑线路对瞬时动作触点的要求。

3）根据控制线路电压选择时间继电器吸引线圈的电压。

2. 晶体管式时间继电器

晶体管式时间继电器也称为半导体时间继电器或电子式时间继电器，具有机械结构简单、延时范围广、精度高、消耗功率小、调整方便及寿命长等优点。随着电子技术的发展，晶体管式时间继电器也在迅速发展，现已日益广泛应用于电力拖动、顺序控制及各种生产过程的自动控制中。

晶体管式时间继电器的输出形式有两种：有触点式和无触点式，前者是用晶体管驱动小型电磁式继电器，后者是采用晶体管或晶闸管输出。常用的 JS20 系列晶体管时间继电器是全国推广的统一设计产品，适用于交流 50Hz、电压 380V 及以下或直流 110V 及以下的控制电路，作为时间控制元件，按预定的时间延时，周期性地接通或分断电路。

知识链接 4　电流继电器

根据线圈中电流的大小而接通或断开电路的继电器成为电流继电器。电流继电器的线圈串接在电路中，为了不影响电路工作情况，电流继电器吸引线圈匝数少，导线粗。

电流继电器分为过电流继电器和欠电流继电器两种。

（一）过电流继电器

当继电器线圈电流高于整定值动作的继电器称为过电流继电器。它主要用于频繁、重载启动场合，作为电动机或主电路的短路和过载保护。

1. 型号及含义

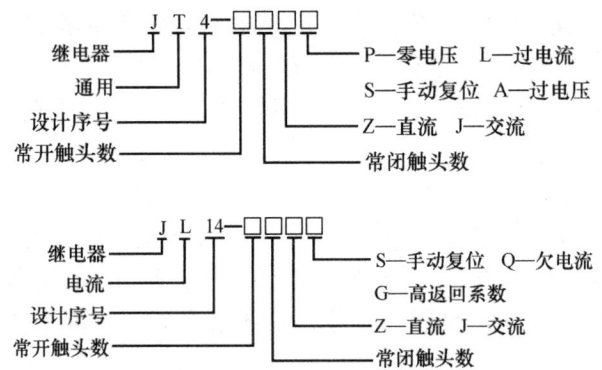

常用的过电流继电器有 JT4 系列交流通用继电器和 JL14 系列交直流通用继电器，其型号及含义分别如上所示。

2. 结构及工作原理

JT4 系列过电流继电器的外形结构及工作原理如图 1-31 所示。它主要由铁芯、线圈、衔铁、触点系统和反作用弹簧等组成。

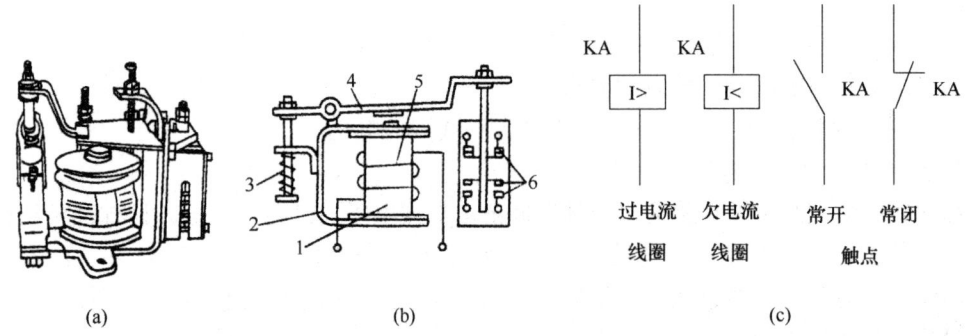

图 1-31　JT4 系列电流继电器
（a）外形　（b）结构　（c）符号
1—铁芯　2—磁轭　3—反作用弹簧　4—衔铁　5—线圈　6—触点

过电流继电器在正常工作时，电流线圈通过的电流为额定值，所产生的电磁力不足以克服反作用弹力，常闭触点仍保持闭合状态；当通过线圈的电流超过额定值后，电磁吸力大于反作用弹簧拉力，铁心吸引衔铁，使常闭触点断开，常开触点闭合。

调节反作用弹簧弹力，可调定继电器的动作电流值。

JT4 系列为交流通用继电器，在这种继电器的磁系统上装设不同的线圈，便可制成过电流、欠电流、过电压或欠电压等继电器。

3. 选用

（1）过电流继电器的额定电流一般可按电动机长期工作的额定电流来选择。对于频繁启动的电动机，由于启动电流的发热效应，继电器线圈的额定电流可选大一个等级。

(2) 过电流继电器的触点类型、数量和额定电流应满足控制线路的要求。

(3) 过电流继电器的整定值一般为电动机额定电流的 1.7~2 倍。

（二）欠电流继电器

欠电流继电器是当线圈电流降到低于整定值时释放的继电器，所以线圈电流正常时，衔铁处于吸合状态。它主要用于直流电动机励磁电路和电磁吸盘的失磁保护。

常用的欠电流继电器有 JL14-Q 等系列产品，其结构与工作原理和 JT4 系列继电器相似。

（三）电子式过电流继电器

电子式过电流继电器是机械式电流继电器的升级换代产品；继电器通过取样电阻及 A/D 转换电路，将被测电流转换成数字量，并通过三位 LED 数码管分别将吸合电流、释放电流及被测电流显示出来（通过拨显示选择开关），继电器内的二只比较器将被测电流分别与吸合电流整定值、释放电流整定值进行比较，当被测电流大于吸合电流整定值时，继电器吸合，此时面板上红色指示灯亮；当被测电流小于释放电流整定值时继电器释放。

电子式过电流继电器系列产品适用于交流设备中，用以保护电机、变压器与输电线的过载及短路，当其发生故障时，该继电器能可靠动作，保证设备的安全。

知识链接 5　电压继电器

根据线圈两端电压的大小而接通或断开电路的继电器称为电压继电器。这种继电器并联在主电路中，线圈的导线粗、匝数多、阻抗大，刻度表上标出的数据是继电器的动作电压。

电压继电器的型号含义如下：

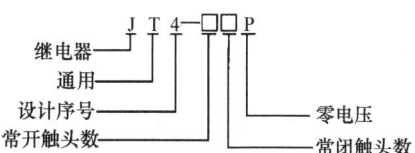

电压继电器有过电压继电器和欠电压（或零压）继电器之分。常用的电压继电器的外形结构及动作原理与电流继电器相似。一般情况下，过电压继电器在 (1~1.15) 倍额定电压以上时动作，对电路进行过压保护；欠电压继电器在电压为 (0.4~0.7) 倍额定电压时动作，对电路进行欠压保护。

电压继电器在电气原理图中的符号如图 1-32 所示。

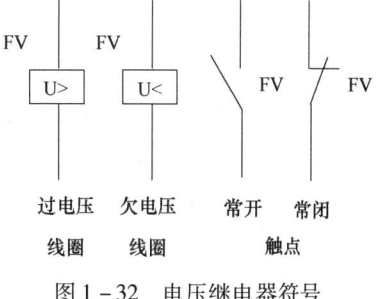

图 1-32　电压继电器符号

知识链接 6　速度继电器

速度继电器又称为反接制动继电器。它的作用是对电动机实现反接制动控制，广泛运用于机床控制电路中。常用速度继电器有 JY1 和 JFZ0 等两个系列。

1. 型号及含义

以JFZ20系列为例，介绍速度继电器的型号及含义。

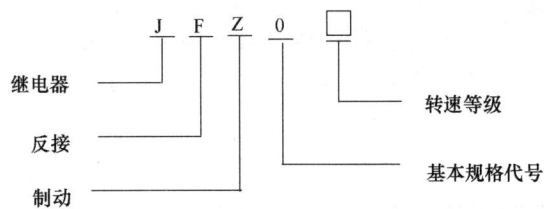

2. 速度继电器结构及工作原理

JY1型速度继电器的基本结构如图1-33所示。它主要由永久磁铁制成的转子、用硅钢片叠压而成的铸有笼形绕组的定子、支架、胶木摆杆和触点系统等组成，其中转子与被控制电动机的转轴相接。

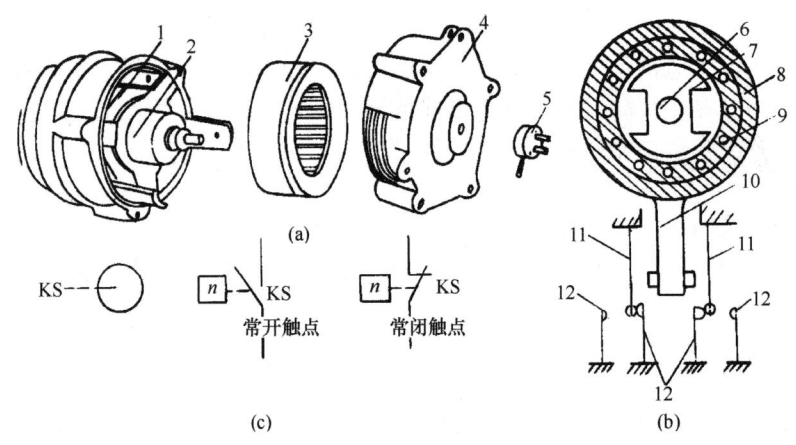

图1-33 JY1型速度继电器
(a) 外形 (b) 结构 (c) 符号
1—可动支架 2—转子 3—定子 4—端盖 5—连接头 6—电机转轴 7—转子（永久磁铁）
8—定子 9—定子绕组 10—胶木摆杆 12—簧片（动触点） 13—静触点

需要电动机制动时，被控制电动机带动速度继电器转子转动，该转子的旋转磁场在速度继电器定子绕组中感应出电动势和电流，通过左手定则可以判断，此时定子受到与转子转向相同的电磁转矩的作用；使定子和转子沿着同一方向转动。定子上有胶木摆杆，胶木摆杆也随着定子转动，并推动簧片（端部有动触点）断开常闭触点，接通常开触点，切断电机正转电路，接通电动机反转电路而完成反接制动。

JY1型速度继电器在被控制电动机转速为300～3000r/min范围能可靠工作，实现反接制动；当被控制电动机转速低于100r/min时，它的转子停转，恢复原状，分断反接制动电路。实际上，被控制电动机转速低于100r/min时，已完成制动，应该切断制动电路，避免电动机反转，这正好满足了电动机制动的要求。

(3) 选用 速度继电器主要根据所需控制的转速大小、触点数量和电压、电流来选用。

知识链接 7　交流接触器的拆装

1. 实训目的

（1）熟悉交流接触器的结构。

（2）掌握交流接触器的拆装与测试。

2. 实训器材

电工常用工具，万用表，CJ10-20 交流接触器，按钮，三相电源开关，绝缘导线，"220V、40W"白炽灯，熔断器。

3. 实训内容与步骤

交流接触器的拆卸除辅助触头不必拆卸外（如果动触头熔焊也需拆卸），其余所有部件均需拆卸。拆卸前应备有盛放零件的容器，以免丢失零件。拆卸过程中不允许硬撬，以免损坏电器。

（1）灭弧罩拆卸　松开灭弧罩紧固螺钉，松开后取下灭弧罩。CJ10-20 型交流接触器灭弧罩为陶瓷制品，易碎，拆卸时两边紧固螺钉松开时，要交替均匀地松开，以免单边断裂。

（2）主触头拆卸　先将压在三片动触头上面的触头压力弹簧片拆下，再拆下动触头。拆卸主触点时必须将主触点侧转 45°后取下。用旋具旋下三对静触头的紧固螺钉，即可拆下静触头。

（3）辅助动合触头拆卸　拆卸辅助动合触头的静触头时，用旋具旋下两边紧固导线的螺钉与压板，再用钳子将静触头拔出。

（4）线圈及铁芯拆卸

①将接触器底部朝上，松开接触器底部的盖板螺钉，取下盖板。在松盖板螺钉时，要用手按住螺钉并慢慢放松。

②取下静铁芯缓冲绝缘纸片及静铁芯。

③取下静铁芯支架及缓冲弹簧。

④拔出线圈接线端的弹簧夹片，取下线圈。

⑤取下反作用弹簧，取下衔铁和支架。

⑥从支架上取下动铁芯定位销，再取下动铁芯及缓冲绝缘纸片。

（5）辅助动断触头拆卸　将接触器翻转，用旋具将静触头上的紧固导线螺钉拆下，再用钳子将静触头拔出（注意拔时要避免将动触头错位）。

（6）元件检查与清洁　拆卸完后，检查所有触头、铁芯及线圈等零件，用清洁干布去除油污。触头如有烧蚀应予以修复，铁芯应查看短路环完整情况，用万用表测量线圈电阻。检查完好再行装配。装配按拆卸的逆顺序进行装配。

（7）铁芯及线圈装配　先将反力弹簧装进槽内，再将线圈装入动铁芯中，用钳子将线圈出线端插进接线片中，装上缓冲弹簧、铁芯支架及静铁芯，盖上后盖时应检查是否平整，再旋上螺钉紧固。

（8）主触头装配　将三对主触头的静触头用螺钉紧固时要嵌进槽内装平而不能错位。再将三片动触头装上，压上触头压力弹簧片，用手按下三副主触头检查，应无阻滞或接触不良情况，用旋具旋上接线螺钉。

（9）辅助触头装配　先将两对辅助动合触头推进槽内（也要平整而不能错位），旋上接线螺钉。装动断触头的静触头时要用手按下主触头，使辅助触头的动触片往下移位，再用钳子将静触头嵌进槽内，旋上接线螺钉。装配辅助静触点时，要防止卡住动触点。

（10）灭弧罩装配　装灭弧罩时要将罩嵌进槽内放平整，再均匀地旋紧两边的紧固螺钉。

（11）测试　接触器经拆装后各触头应接触良好，释放迅速，并做到压力适当，动作灵活，无噪声。为此须经测试予以检验：

①将三只白炽灯作Y形连接后作为负载，按图1-34所示接入测试图。电路连接时，要保证将接触器的所有触头及线圈均接入电路。

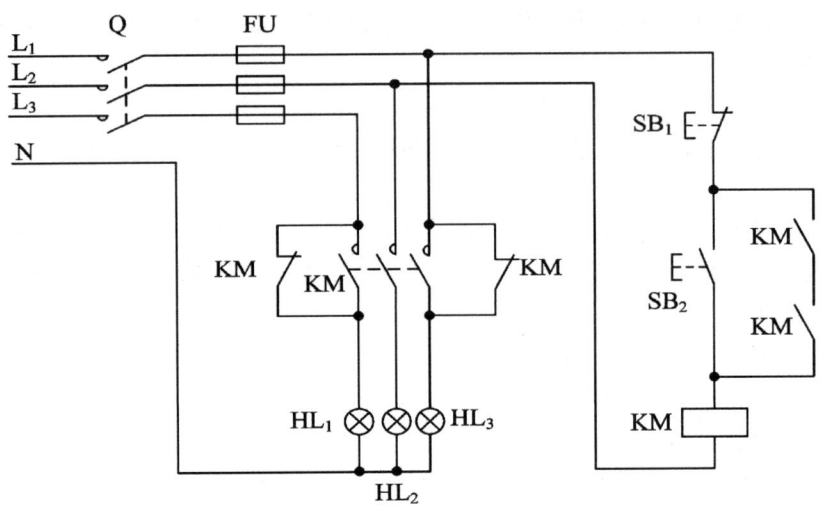

图1-34　测试电路

②测试方法。闭合三相电源开关Q，若HL_1及HL_3两相灯亮，表示两副辅助动断触头装配合格。按下SB_2按钮，接触器线圈通电，三副主触头及两副辅助动合触头均闭合，两副辅助动断触头断开。三只白炽灯同时亮，表明三副主触头装配合格。此时控制电路能自锁，表明与SB_2按钮并联的两副辅助动合触头工作正常。按SB_1按钮，接触器线圈失电，动合触头断开，动断触头闭合，HL_1及HL_3两相灯亮。

③机械性能检验。多次按下SB_2及SB_1，对接触器作通断试验，须无噪声，三相白炽灯无闪烁现象，主触头无明显火花溅出，表示机械性能良好。

项目二 三相异步电动机基本线路的安装及排故

> **项目目标**
> 掌握三相异步电动机点动控制电路原理接线排故
> 掌握三相异步电动机自锁过载保护控制电路接线排故
> 掌握三相异步电动机正反转原理及接线排故
> 掌握行程开关控制自动往返的控制电路

【知识目标】
掌握点动、正反转的原理及故障原因；掌握正反转自动循环控制电路的设计

【技能目标】
掌握正反转控制线路的安装方法及排故

任务一 正转控制电路

知识链接1 手动正转控制电路

三相异步电动机的手动正转控制只能用于小功率的电动机，可以由开启式负荷开关、封闭式负荷开关、组合开关、低压断路器等开关电器直接控制其启动与停机。

开启式负荷开关及转换开关控制电动机启动的电路如图 2-1 所示。其工作原理如下：

启动：合上电源开关 QS，电动机 M 得电（接通电源）启动运转。

停机：分断电源开关 QS，电动机 M 失电（分开电源）停转。

电路中的熔断器用于电路的保护，手动正转控制电路常用于砂轮机、小型台钻等生产

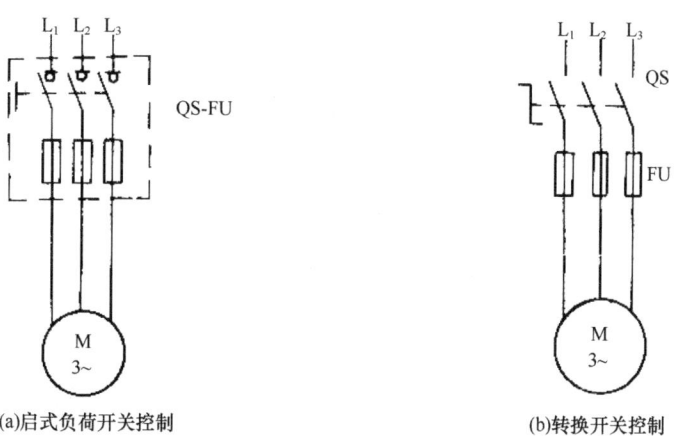

图 2-1 三相异步电动机的手动控制电路

工作中。

知识链接2　三相异步电动机的点动正转控制

点动正转控制是在手动控制电路的基础上,用按钮和接触器自动控制电动机的启动电路。点动控制电路如图2-2所示,工作原理如下:

启动:合上电源开关QS后按下启动按钮SB,接触器KM线圈得电,接触器的动铁芯被线圈的电磁力吸合,接触器的主触头KM闭合,电动机M启动。

停机:松开SB后→KM线圈失电→KM主触头分断→电动机M失电停机。停机后应分断电源开关QS。

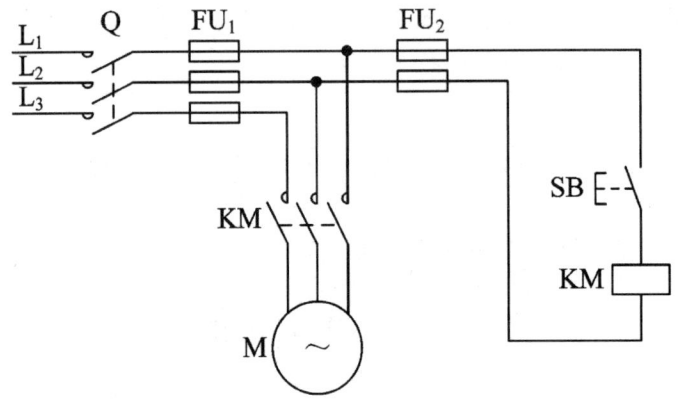

图2-2　三相异步电动机的点动控制电路

由点动控制的工作原理可知,所谓点动就是按下按钮就启动,松开按钮就停机。点动控制常用在起重机械中的电动葫芦、调整机床刀架的位置。

知识链接3　具有自锁、过载保护的正转控制电路

如图2-3所示,在图2-2中的控制路上串接一个SB_2停止按钮和热继电器RJ的常闭触头,在SB_1启动按钮上并联一个KM自锁触头,在主电路中,电动机的上端串接上热元件,就构成了具有自锁、过载保护的正转控制电路。

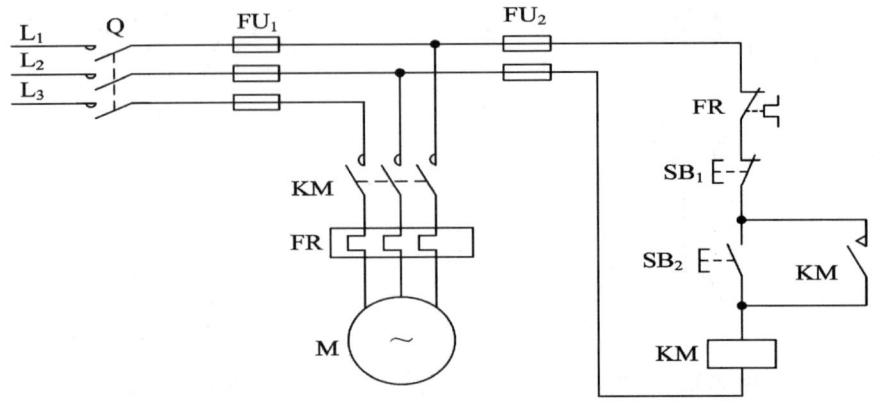

图2-3　正转自锁接触控制电路图

具有自锁过载保护电路的工作原理如下：

启动：合上电源开关 QS，按下启动按钮 SB_1→KM 线圈得电→KM 主触头闭合→电动机 M 得电运转→KM 自锁触头闭合自锁→保持电动机运转

停机：按下停止按钮 SB_2→KM 线圈断电释放→KM 自锁触头，主触头分断→电动机 M 停机。

在图 2-3 中，熔断器 FU_1 对主电路起短路保护作用，FU_2 对控制电路起保护作用，接触器起作零压与欠压保护作用，热继电器起过载保护作用。

当电路出现零压（也称失压，如停电），欠压时，由于弹簧的反作用力大于线圈的电磁吸力，所以 KM 接触器的自锁触头、主触头被释放而分断，当电源电压恢复正常时，由于接触器处于释放状态，所以电动机不会自行启动，从而实现了零压、欠压保护。

当电路中电动机出现过载或故障状态时，主电路中电流会过大，由于电流的热效应使热元件弯曲，从而使热继电器常闭触头分断，导致接触器线圈断电而释放，实现电路的过载保护。

任务二　正反转控制电路

知识链接1　正反转原理

三相异步电动机的定子绕组中通入三相交流电后，就会产生一个旋转磁场，在旋转磁场的作用下，电动机就会转动。改变任意二相绕组的相序后，旋转磁场就会改变方向，使电动机反转。

知识链接2　倒顺开关控制的可逆旋转控制电路

图 2-4 所示为倒顺开关原理图。

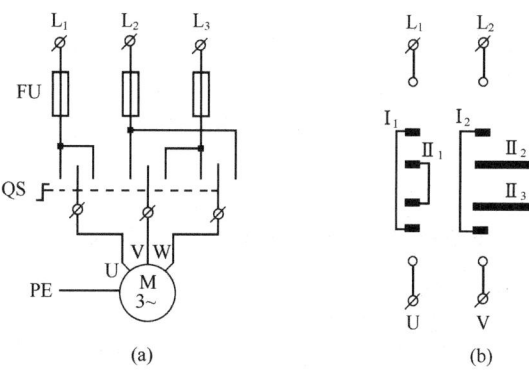

图 2-4　倒顺开关

倒顺开关有六个固定触点，其中 L_1、L_2、W 为一组，而 U、V、L_3 为另一组。当开关手柄置于"顺转"位置时，动触片 I_1、I_2、I_3 分别将 U-L_1、V-L_2、L_3-W 相连接，使电动机实现正转；当开关手柄置于"逆转"位置时，经动触片 II_1、II_2、II_3 分别将 U-L_1、V-W、L_3-L_2 接通，使电动机实现反转；当开关手柄置于中间位置时，两组动触片

均不与固定触点连接，电动机停止旋转。

图2-5（a）为直接操作倒顺开关实现电动机正反转的电路；图2-5（b）是利用倒顺开关来改变电动机相序，预选电动机旋转方向，而由接触器KM来接通与断开电源，控制电动机起动与停止。由于采用接触器通断负载电路，则可实现过载保护和失压与欠压保护。

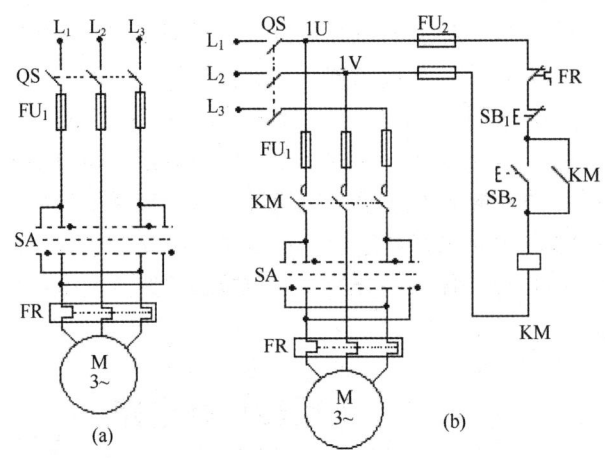

图2-5 倒顺开关控制正反转

知识链接3　接触器正反转控制电路

小功率电动机的正反转可以由倒顺开关控制其正反转。大功率或需远距离控制电动机的正反转，常用接触器控制。

如图2-6所示，电动机的正反转电路的控制原理如下：

（1）正转控制。按下按钮 $SB_2 \rightarrow KM_1$ 线圈得电$\rightarrow KM_1$ 主触点闭合$\rightarrow$电动机M起动连续正转。

（2）反转控制。先按下按钮 $SB_1 \rightarrow KM_1$ 线圈失电$\rightarrow KM_1$ 主触点分断$\rightarrow$电动机M失电停转；再按下按钮 $SB_3 \rightarrow KM_2$ 线圈得电$\rightarrow KM_2$ 主触点闭合$\rightarrow$电动机M起动连续反转。

（3）停止。按停止按钮 $SB_1 \rightarrow$控制电路失电$\rightarrow KM_1$（或 KM_2）主触点分断$\rightarrow$电动机M

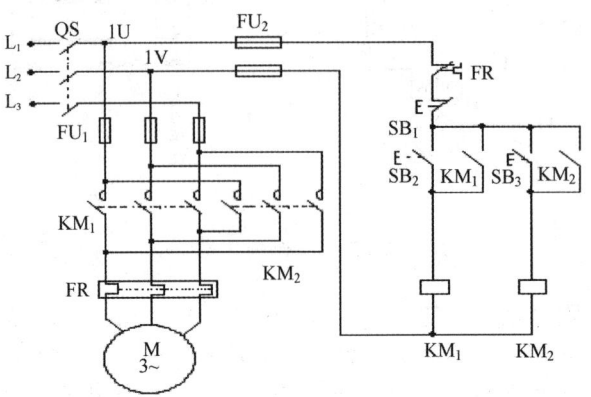

图2-6 接触器控制正、反转控制线路

失电停转。

控制线路虽然可以完成正、反转控制任务，但这个线路是有缺点的，在按下正转按钮 SB_2 时，KM_1 线圈通电并自锁，接通正序电源，电动机正转。若发生误操作，在按下 SB_2 后又按下反转按钮 SB_3，KM_2 线圈通电并自锁，此时在主电路中将发生 W、U 两相电源短路事故。

知识链接 4　复合联锁的正反转控制电路

对于要求电动机运行时进行频繁正反转切换的，可采用图 2-7 所示的控制电路。图中的正反转启动按钮 SB_2、SB_3 采用复合按钮，即把两个按钮中的动断触点分别串接到对方的控制电路中，在操作时两个触点同时动作，利用按钮动合、动断触点机械连接，以实现互锁，这种互锁称为按钮机械互锁。当电动机正转时，不需先停机，只要直接按反转按钮 SB_3，电动机即可实现反转。其工作过程如下：

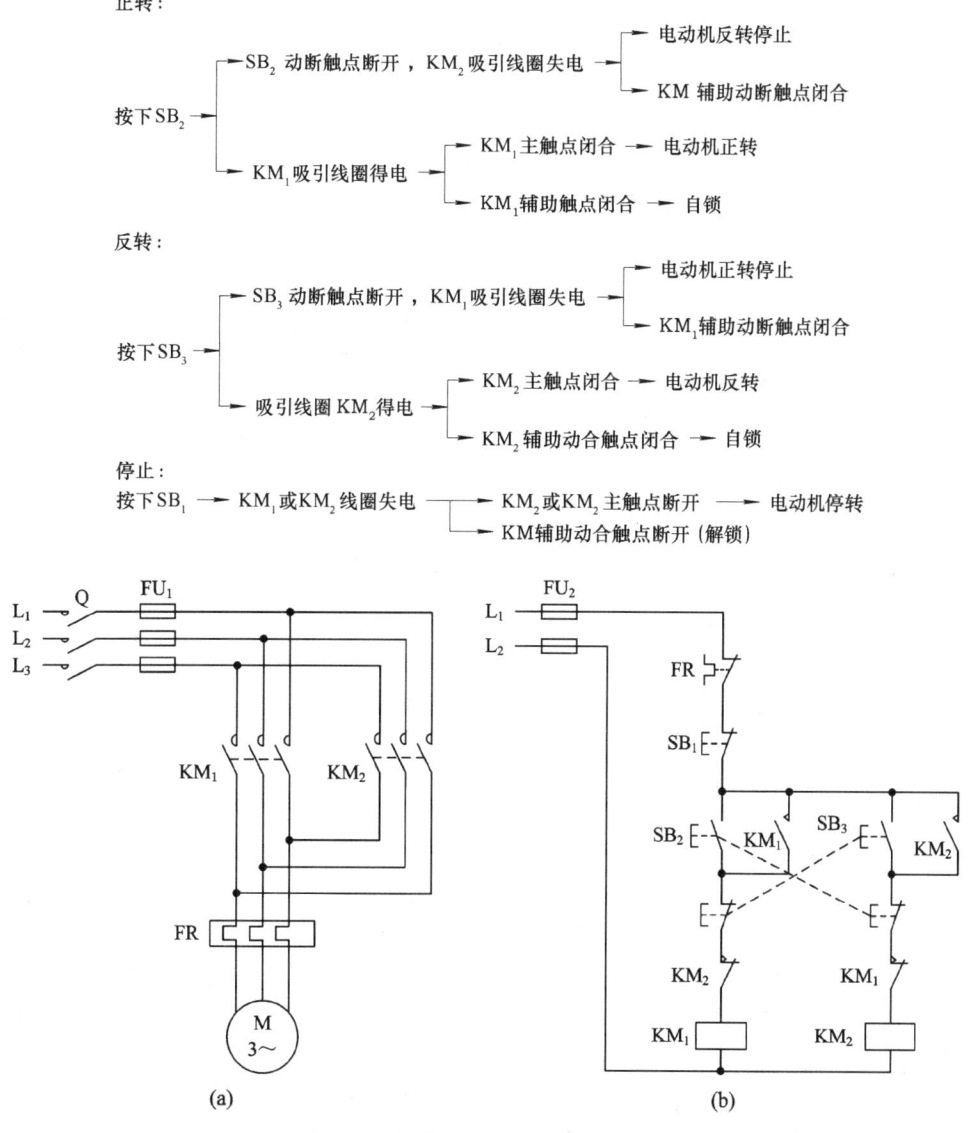

图 2-7　复合联锁控制的正反转电路

知识链接5　行程开关自动控制的正反转

在生产实践中,有些生产机械的工作台需要自动往复运动,如龙门刨床、导轨磨床等。自动往复循环控制是一种利用行程开关按机床运动部件的位置或机件的位置变化来进行的控制,通常称为行程控制。生产中常见的自动循环控制有龙门刨床、磨床等生产机械的工作台的自动往复控制,工作台行程示意如图2-8所示,其控制电路如图2-9所示。

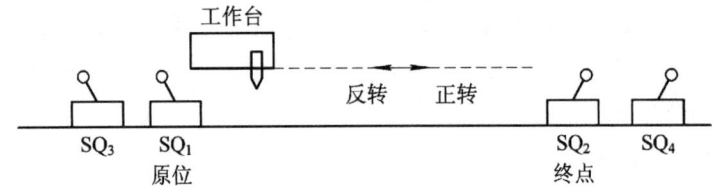

图2-8　工作台行程示意图

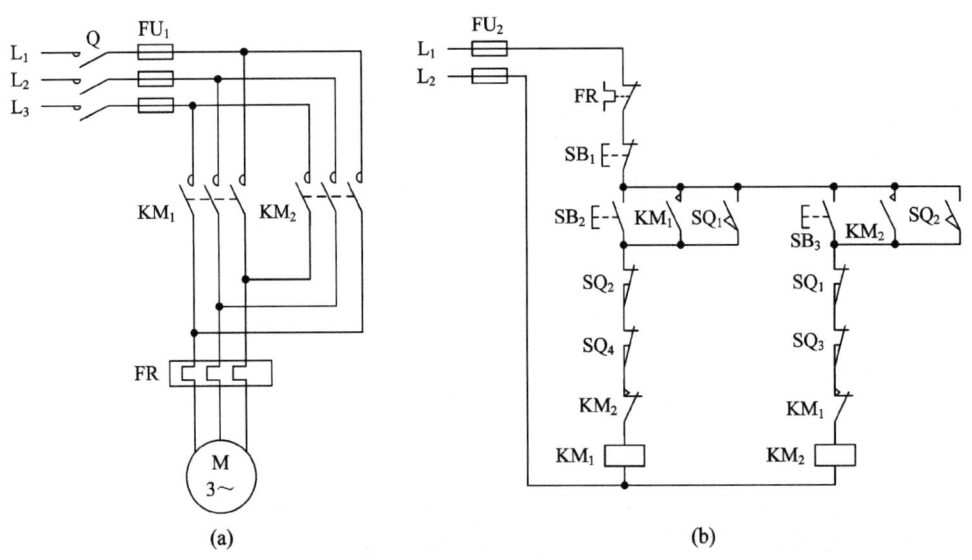

图2-9　自动循环控制电路

行程开关SQ_1、SQ_2分别装在机床床身上,撞块固定在工作台上,工作台由电动机M带动。随着工作台的移动,撞块会撞击装在床身上的行程开关SQ_1、SQ_2,使其触点动作,改变控制电路的通断状态,实现电动机正反转,带动工作台自动往复。SQ_3、SQ_4为超行程限位行程开关,当工作台发生超行程时起保护作用。工作在原位时,撞块将原位行程开关SQ_1压下,串接在反转控制电路中的动断触点SQ_1被断开,此时电动机不能实现反转。按下正转启动按钮SB_2,KM_1得电且自锁,电动机正转,工作台前进(此时行程开关SQ_1复原,串接在反转控制电路中SQ_1的动断触点被释放闭合)。当工作台前进到达终点时,撞块压下行程开关SQ_2,串接在正转控制电路中SQ_2的动断触点被压下断开,使吸引线圈KM_1失电、电动机停转。与此同时,将反转控制电路中SQ_2的动合触点压合,电动机立即反转,带动工作台后退(此时行程开关SQ_2复原,串接在正转控制电路中SQ_2的动断触点被释放闭合)。工作台退到原位后，撞块压下行程开关 SQ_1，串接在反转控制电路中 SQ_1 的动断触点断开，电动机反转停止。同时 SQ_1 的动合触点闭合，KM_1 得电且自锁，电动机正转，工作台前进，如此循环，进入工作台往返运动中。按 SB_1，电动机停转。

如果行程开关 SQ_1、SQ_2 发生故障、开关失灵，工作台将会继续前进或后退，撞块压下超行程保护开关 SQ_3、SQ_4，切断吸引线圈通路，使电动机停转，工作台停下来，避免发生人身或设备事故。这种超行程保护在车间行车上经常被采用。

知识链接6　实操训练——电动机按钮、接触器双重联锁的正反转控制

1. 实训目的

(1) 进一步熟悉交流接触器、按钮、熔断器和热继电器的使用方法。

(2) 独立完成三相笼型异步电动机的正反转控制线路的接线和正反转控制线路的操作。

2. 实训器材

电工常用工具，万用表，三相自动开关，熔断器，交流接触器，热继电器，按钮，三相电动机，电工板或电气箱，接线端子，导线。

3. 实训内容与步骤

(1) 查看器件　如图 2-10 所示固定元器件。按图 2-7 (a) 所示的电路图接主电路。按图 2-7 (b) 所示的电路图接控制电路，接线检查。

(2) 控制电路线路测试　断开电源，断开主电路。

①按钮回路测试。使用万用表电阻挡，将万用表表笔分别搭在熔断器 FU_2 的上端头接线端上，万用表读数应为"∞"。分别按下按钮 SB_2、SB_3 时，万用表读数应为接触器线圈的直流电阻值（阻值大小根据接触器不同而不同）。

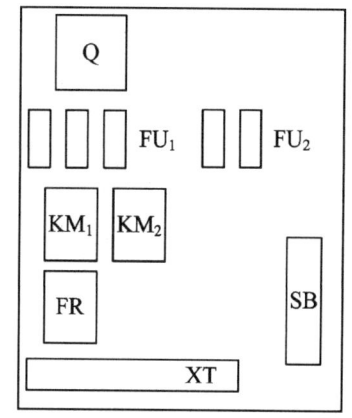

图 2-10　元件位置图

②自锁回路测试。松开启动按钮 SB_2 和 SB_3，分别按下 KM_1、KM_2 触头架，使其常开辅助触点闭合，万用表读数也应为接触器线圈的直流电阻值。

③按钮联锁测试。同时按下正转按钮 SB_2 和反转按钮 SB_3，万用表读数为"∞"。

④接触器联锁测试。同时按下正转交流接触器 KM_1 和反转交流接触器 KM_2 的触头架，万用表读数为"∞"。

⑤停车控制测试。按下启动按钮 SB_2（或按 SB_3），万用表显示接触器线圈的直流电阻值，此时按下停止按钮 SB_1，万用表读数由线圈的直流电阻值变为"∞"。

(3) 主电路线路测试　断开电源，断开控制电路，用万用表电阻挡检查主电路有无短路现象，此时将表笔分别搭在熔断器 FU_1 的两根上端头接线端上，万用表读数应为"∞"。若用手动来分别按下交流接触器 KM_1 和 KM_2，则根据电动机不同，万用表会有几欧姆到几十欧姆的显示值。

(4) 经检查无误后，请老师再检查一次电路。如果无误方可合上电源进行操作，观察电动机的运行情况。

项目三　三相异步电动机启动线路的安装及排故

> **项目目标**
> 掌握串接电阻降压启动控制电路的原理及排故
> 掌握 Y-△形降压启动控制电路的原理及排故
> 掌握自耦变压器降压启动控制电路的原理及排故
> 掌握延边三角形降压启动控制电路的原理及排故

【知识目标】
　　掌握各种电机降压启动的工作方法
【技能目标】
　　会进行 Y-△形降压启动的接线及排故

任务一　接触器控制的串电阻启动控制电路

知识链接 1　结构及原理

电路的工作原理如图 3-1 所示，启动时串接电阻 R 降压启动，启动完毕后，KM_2 主触头将 R 短路，电动机全压运行。具体工作原理如下：

降压启动：

按下 SB_1 → KM_1 线圈得电 $\begin{cases} KM_1 \text{ 主触头闭合→电动机串接 R 降压启动} \\ KM_1 \text{ 自锁触头闭合→自锁} \end{cases}$

按下 SB_2 → KM_2 线圈得电 $\begin{cases} KM_2 \text{ 主触头闭合，电阻 R 被短路，电动机全压运行} \\ KM_2 \text{ 自锁触头闭合→自锁} \end{cases}$

停机：
按下 SB_3 → KM_1、KM_2 线圈断电释放→电动机 M 失电停机。

由工作原理我们发现接触器控制的串接电阻启动电路是顺序启动的一个应用实例，只不过是把电动机 M_2 换成了电阻 R，不同的是电阻 R 与 M_1 串联，而顺序控制 M_1、M_2 是并联关系。

知识链接 2　时间继电器控制的串接电阻降压启动电路

接触器控制的串接电阻启动过程，需要在启动完毕后迅速启动 KM_2 接触器将电阻 R 短路，启动 KM_2 的时间较难把握。改用时间继电器后，就可以设定时间，当启动完毕时，迅速启动 KM_2 使电动机全压运行。时间继电器控制的串接电阻降压启动电路如图 3-2 所示，其工作原理如下：

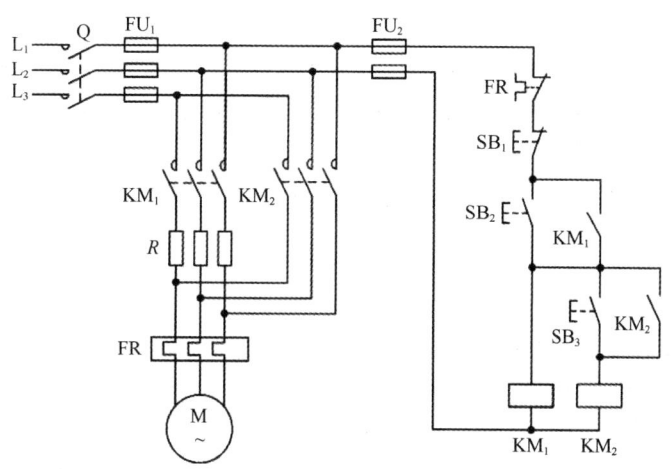

图 3-1 接触器控制的串接电阻降压启动

按下 SB_2→KM_1 线圈得电 $\begin{cases} KM_1 \text{ 主触头闭合→电动机串接电阻降压启动} \\ KM_1 \text{ 自锁触头闭合→自锁} \end{cases}$

同时时间继电器 KT 线圈得电→KT 常开触头延时闭合（此时恰好启动结束）→KM_2 线圈得电→KM_2 主触头闭合→电阻 R 被短路→电动机 M 全压运行。

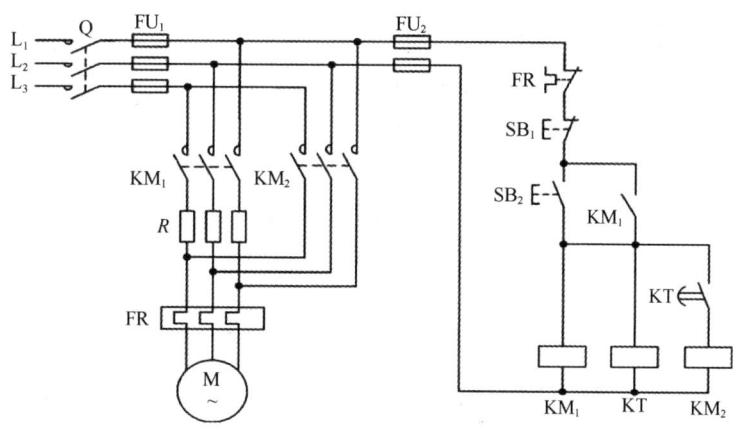

图 3-2 时间继电器控制的串接电阻降压启动

图 3-2 是最简单的时间继电器控制的串接电阻降压启动电路。它的缺点是电动机全压运行时，KM_1、KM_2、KT 线圈均处于工作状态，电能浪费较大。我们可以设法在全压运行时让 KT 线圈失电不工作。我们还可以让 KM_2 主触头跨过 KM_1 主触头，在全压运行时让 KM_1 线圈也失电不工作，你想出来了吗？请设计出这样的节能电路。

电动机串接电阻降压启动，电阻要耗电发热，因此不适于频繁启动电动机。串接的电阻一般都是用电阻丝绕制而成的功率电阻，体积较大。串电阻启动时，由于电阻的分压，电动机的启动电压只有额定电压的 0.5~0.8 倍，由转矩正比于电压的平方可知，此时 $M_q = (0.25 - 0.64)M_e$。

由以上三点可知，串电阻降压启动仅适用于对启动转矩要求不高的场合，电动机不能频繁地启动，电动机的启动转矩较小，仅适用于轻载或空载启动。启动电阻可由下式确定：

$$R = \frac{U_e}{I_e}\sqrt{\left(\frac{I_q}{I'_e}\right)^2 - 1}$$

式中：

U_e、I_e——电动机的额定相电压、相电流；

I_q——电动机全压启动的电流；

I'_q——电动机降压启动的电流。

如，$U_e = 220\text{V}$、$I_e = 40\text{A}$、$I_q/I'_q = 2$，算得串接的电阻约为 9.5Ω。

任务二 Y－△形降压启动控制电路

知识链接 1 接触器控制 Y－△形降压启动控制电路

电动机作三角形连接时，就可以采用星形启动三角形运行，即"Y－△形降压启动"。采用 Y 启动时，$I_1 = \frac{1}{3}I_\triangle$，$M_{Yq} = \frac{1}{3}M_\triangle$，$U_{Yp} = \frac{1}{\sqrt{3}}U_{\triangle q}$，每相绕组的启动电压虽然降低了，但启动转矩也跟着下降很多。所以 Y－△形降压启动适合轻载或空载启动。

接触器控制 Y－△形降压启动控制电路如图 3-3 所示。电路工作要求是 KM_3 线圈控制星形启动，KM_2 线圈控制电动机三角形运行。

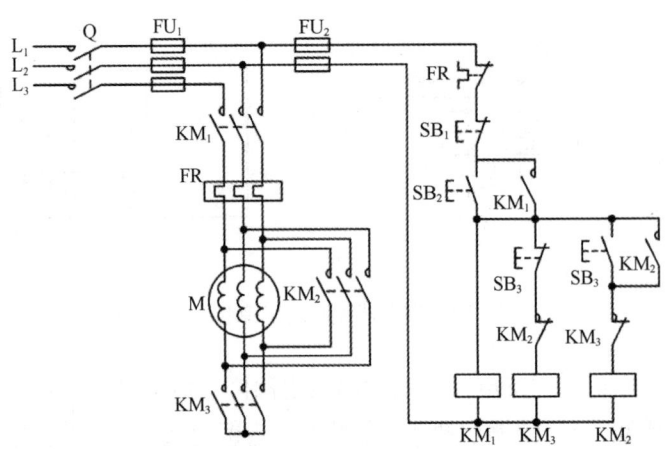

图 3-3 接触器控制 Y－△形降压启动的电路

工作原理如下：

启动：按下启动按钮 SB_2 $\begin{cases} KM_1\text{自锁触头闭合}\to\text{自锁} \\ KM_1\text{线圈得电} \quad KM_1\text{主触头闭合} \\ KM_3\text{线圈得电}\begin{cases}KM_3\text{主触头闭合}\\ KM_3\text{联锁触头分断}\to\text{锁住}KM_2\text{线圈}\end{cases}\end{cases}$ 电动机星形启动

当转速升高到一定值时，切换到三角形运行：

按下复合按钮 SB_3 $\begin{cases} KM_3\text{主触头分断}\to\text{星形启动结束} \\ KM_3\text{线圈失电} \\ KM_3\text{联锁触头闭合}\to\text{准备三角形运行} \\ KM_2\text{主触头闭合}\to\text{电动机三角形运行} \\ KM_2\text{线圈得电}\to KM_\triangle\text{自锁触头闭合}\to\text{自锁} \\ KM_2\text{联锁触头分断}\to\text{联锁} \end{cases}$

知识链接2 时间继电器控制的Y–△形降压启动电路

采用时间继电器控制Y–△形降压启动是一种自动控制的方法。我们首先要测出电动机星形启动达到切换成三角形运行所规定的速度需要的时间，然后用时间继电器来自动控制，即时间继电器的延时时间等于电动机转速上升到规定速度所需要的时间。如图3–4所示，时间继电器控制的Y–△降压控制电路的工作原理如下：

合上三相电源开关Q，接通三相电源

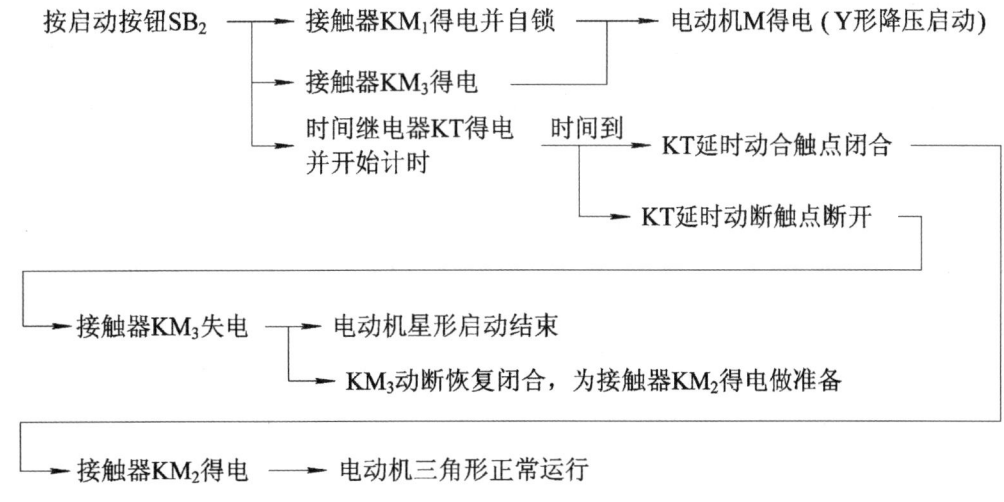

停止：
按下SB_1 → KM_1、KM_2线圈失电 → 电动机断电停转

Y–△形降压启动的两个局限性：

（1）Y–△形降压启动仅适用于正常运行时定子绕组为三角形接法的电动机。

（2）由于Y–△形降压启动时，启动转矩仅为额定启动转矩的1/3，所以Y–△降压启动方案仅适用于空载或轻载启动的电动机。

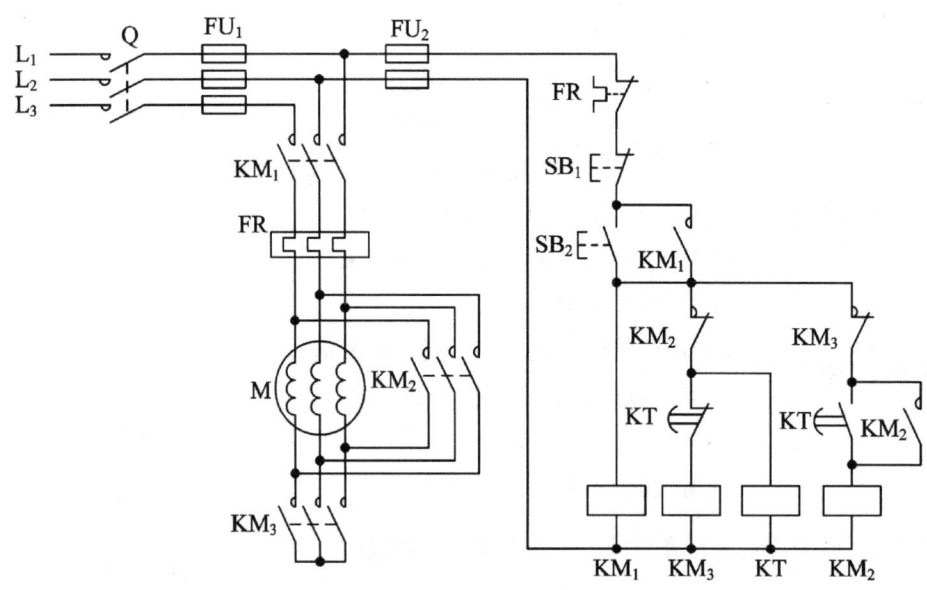

图3-4 时间控制三相异步电动机 Y-△形降压启动控制电路图

任务三 自耦变压器降压启动控制电路

知识链接1 知识导入

在自耦变压器降压启动的控制线路中，限制电动机的启动电流是依靠自耦变压器的降压作用来实现的。自耦变压器的初级和电源相接，次级与电动机相连。自耦变压器的次级一般有3个抽头，可得到3种数值不等的电压。使用时，可根据启动电流和启动转矩的要求灵活选择。电动机启动时，定子绕组得到的电压是自耦变压器的二次电压，一旦启动完毕，自耦变压器便被切除，电动机直接接至电源，即得到自耦变压器的一次电压，电动机进入全电压运行。通常称这种自耦变压器为启动补偿器。这一线路的设计思想和串电阻启动线路基本相同。电动机自耦降压电路，适用于任何接法的三相鼠笼型异步电动机。

知识链接2 控制原理

图3-5所示是交流电动机自耦降压启动自动切换控制电路。自动切换靠时间继电器完成，用时间继电器切换能可靠地完成由启动到运行的转换过程，不会造成启动时间长短不一的情况，也不会因启动时间过长而烧毁自耦变压器。工作时，按下启动按钮 SB_2，交流接触器 KM_1 线圈通电吸合并自锁，其主触头闭合，将自耦变压器线圈接成星形。与此同时，由于 KM_1 辅助常开触点闭合，使得接触器 KM_2 线圈通电吸合，KM_2 的主触头闭合，由自耦变压器的低压抽头将降低后的三相电压接入电动机。同时 KM_1 辅助常开触点闭合，使时间继电器 KT 线圈通电，并按已整定好的时间开始计时，当时间到达后，KT 的延时常开触点闭合，使中间继电器 KA 线圈通电吸合并自锁。由于 KA 线圈通电，其常闭触点断开使 KM_1 线圈断电，KM_1 常开触点全部释放，主触头断开，使自耦变压器线圈封星端打开；同时 KM_2 线圈断电，其主触头断开，切断自耦变压器电源。KA 的常开触点闭合，通

过 KM_1 已经复位的常闭触点,使 KM_3 线圈得电,KM_3 主触头接通,电动机在全压下运行。KM_1 的常开触点断开也使时间继电器 KT、接触器 KM_2 线圈断电,保证了在电动机启动任务完成后,时间继电器 KT、接触器 KM_2 处于断电状态。

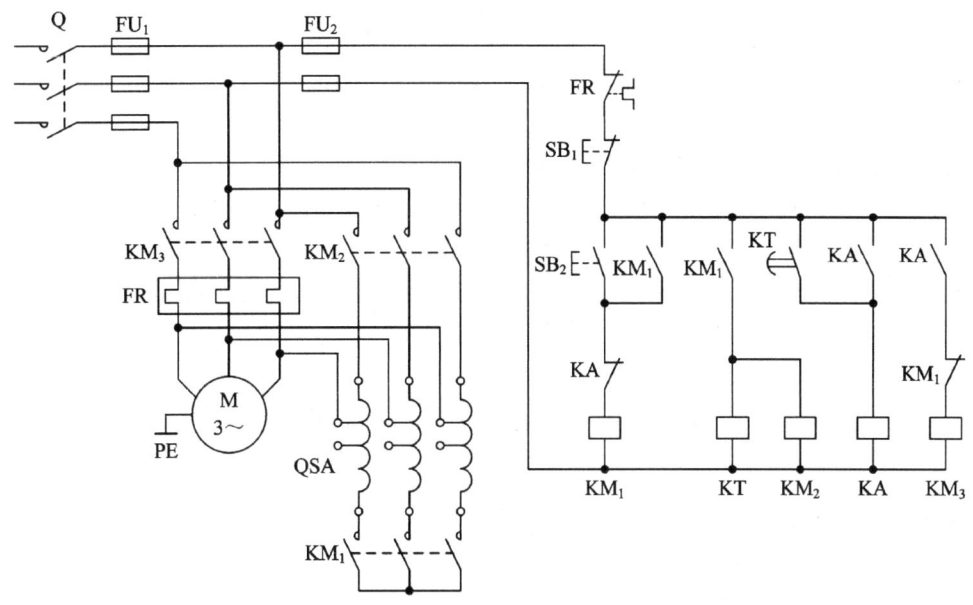

图 3-5 电动机自耦降压启动(自动控制)电路原理图

过程分析:

合上三相电源开关 Q,接通三相电源

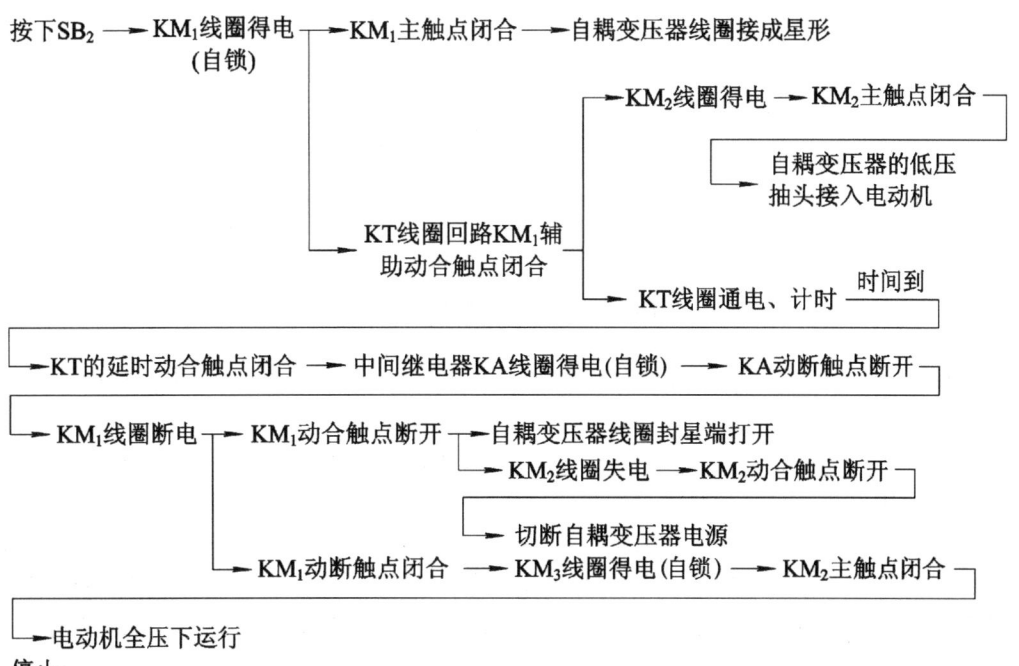

停止:
按下 SB_1 ── KM_3 线圈失电 ── 电动机 M 断电停转

知识链接3　常见故障

（1）带负荷启动时，电动机声音异常，转速低，不能接近额定转速，换接到运行时有很大的冲击电流。

现象分析：电动机声音异常，转速低不能接近额定转速，说明电动机启动困难，怀疑是自耦变压器的抽头选择不合理，电动机绕组电压低，启动力矩太小，拖不动大负载所造成的。

处理：将自耦变压器的抽头改接在80%位置。

（2）电动机由启动状态转换到运行状态时，仍有很大的冲击电流，甚至掉闸。

现象分析：这是由于电动机启动状态的时间太短所造成的。由于启动时间太短，电动机转速未接近额定转速，其启动电流仍较大，切换到全压运行状态所致。

处理：调整时间继电器，延长启动整定时间。

任务四　延边三角形降压启动控制电路

知识链接1　知识导入

1. 延边三角形电动机的定子绕组

如图3-6所示，实行延边三角形降压启动的电动机定子绕组，采用了在每相绕上中间抽头，如图（a）所示；启动时把三相绕组的一部分接成三角形，一部分接成星形，即"延边三角形"，如图（b）所示；运行时绕时组接成三角形，如图（c）所示。

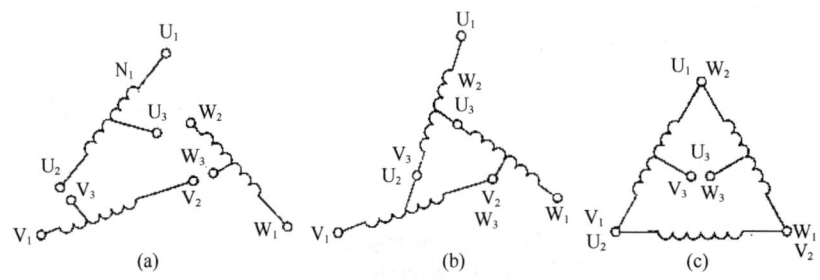

图3-6　延边三角形接法的定子绕组

延边三角形降压启动的电压介于全压启动与Y-△形降压启动之间。这样克服了Y-△形降压启动的启动电压过低，启动转矩过小的不足，同时还可以实现启动电压根据需要进行调整。由于采用了中间抽头技术，使电动机的结构比较复杂。

2. 延边三角形电动机降压启动控制电路

如图3-7所示，延边三角形降压启动控制电路是一个时序控制电路，启动时KM_1、KM_3接触器及KT时间继电器得电，电动机接成延边三角形降压启动。启动结束后KT时间继电器及KM_3接触器失电，KM_1及KM_3接触器得电，电动机接成三角形全压运行。

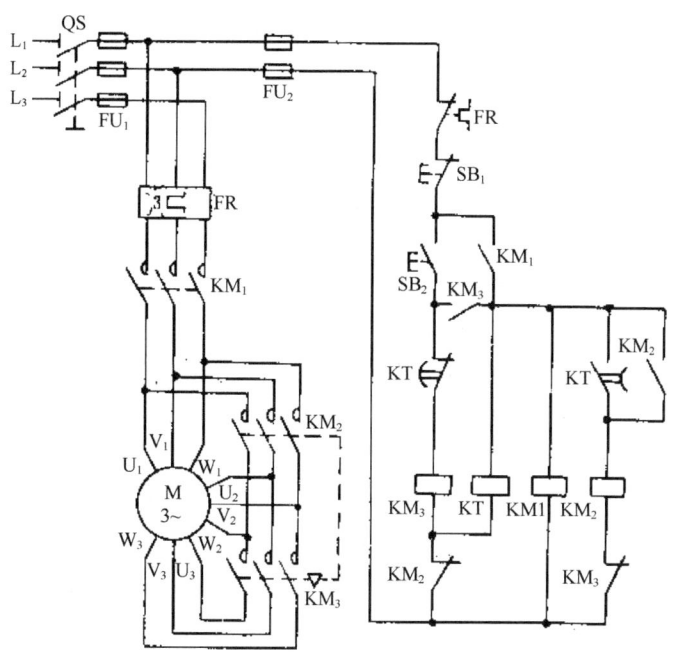

图 3-7 延边三角形降压启动控制电路

知识链接 2　三相异步电动机各种降压启动方法的比较

1. 直接启动

直接启动适用于 7.5kW 以下小功率电动机的直接启动。

直接启动的控制电路简单，启动时间短。但启动电流大，当电源变压器容量小时，会对其他电器设备的正常工作产生影响。

2. 串电阻降压启动

串电阻降压启动适用于启动转矩较小的电动机，虽然启动电流较小，启动电路较为简单，但电阻的功耗较大、启动转矩随电阻分压的增加下降较快，所以，串电阻降压启动的方法使用还是比较少的。

3. Y-△形形降压启动

三角形接法的电动机都可采用 Y-△形降压启动。

由于启动电压降低较大，故用于轻载或空载启动。Y-△形降压启动控制电路简单，常把控制电路制成 Y-△形降压启动器。大功率电动机采用 QJ 系列启动器，小功率电动机采用 QX 系列启动器。

4. 延边三角形降压启动

延边三角形电动机是专门为需要降压启动而生产的电动机，电动机的定子绕组中间有抽头，根据启动转矩与降压要求可选择不同的抽头比，其启动电路简单，可频繁启动，缺点是电动机结构比较复杂。

5. 自耦变压器降压启动

星形或三角形接法的电动机都可采用自耦变压器降压启动，启动电路及操作比较简单，但启动器体积较大，且不可频繁启动。

综上所述，我们可以根据不同的场合与需要选择不同的启动方法。

操作分析　三相异步电动机降压启动控制

1. 目的

（1）掌握时间继电器控制串接电阻降压启动电路的安装与维修。

（2）掌握手动控制的 Y－△形降压启动电路的安装与维修。

（3）能够熟练地用万用表检测电路。

2. 实训器材

（1）时间继电器控制串接电阻降压启动电路（演示及模板）。

（2）时间继电器控制串接电阻降压启动套件（二人一组）。

（3）手动及时间继电器控制的 Y－△形降压启动电路（演示及模板）。

（4）手动控制 Y－△形降压动控制电路套件（二人一组）。

（5）延边三角形降压启动控制电路（演示用）。

（6）自耦变压器降压启动电路（演示用）。

（7）常用工具、导线、万用表等。

3. 画出时间继电器控制串接电阻降压启动、手动控制 Y－△形降压启动控制电路原理图与安装图

4. 根据原理图安装电路

5. 用万用表检测电路安装是否正确

6. 注意事项

（1）时间继电器应选用通电延时闭合触头，不能选成断电延时。

（2）$KM_△$、KM_Y 联锁触头位置不能接错。

（3）$KM_△$ 主触头不能接错，防止造成电源短路。

（4）Y－△形启动转换时间约为 3s，不能按下星形启动按钮后随即按下三角形运行按钮。

项目四　三相异步电动机停车线路的安装及排故

> 项目目标
> 掌握三相异步电动机电磁抱闸制动原理及接线排故
> 掌握三相异步电动机能耗制动原理及接线排故
> 掌握三相异步电动机反接制动原理及接线排故

【知识目标】

掌握电磁抱闸、能耗、单向、双向反接控制电路的原理及故障原因

【技能目标】

掌握电磁抱闸、能耗、单向反接控制电路的安装方法及排故

任务一　电磁抱闸制动

知识链接1　结构及原理

1. 电磁抱闸制动器的结构

如图4-1所示，电磁抱闸制动器主要由电磁铁和闸瓦制动器组成。

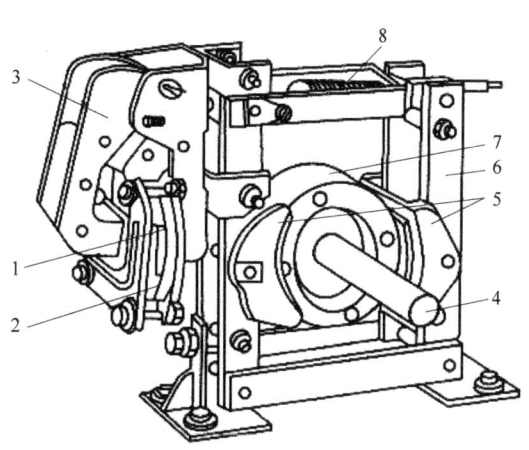

图4-1　电磁抱闸制动器
1—铁芯　2—线圈　3—衔铁　4—轴　5—闸瓦　6—杠杆　7—闸轮　8—弹簧

制动用电磁铁由线圈、铁芯、横铁组成。

闸瓦制动器由轴、闸轮、闸瓦、杠杆弹簧组成。

2. 电磁抱闸制动器的工作原理

在自然状态下，闸瓦紧紧抱住闸轮。此时，与闸瓦制动器连轴运转的电动机处于制动状态而不能转。

当线圈得电后，线圈的电磁力与弹簧反作用力达到新的平衡，使闸瓦与闸轮分离，电动机就可以启动运行。

电磁抱闸制动定位准确、制动迅速，广泛地应用在电梯、卷扬机、吊车等工作机械上。

知识链接 2　电磁抱闸制动的控制电路

如图 4-2 所示，控制电路的工作原理如下：

在没通电的情况下，闸瓦紧紧抱住闸轮，电动机处于制动状态。启动时，按下 SB_1 启动按钮，KM 线圈得电，KM 主触头、自锁触头闭合，电磁抱闸 YA 线圈得电，线圈的电磁吸力大于弹簧的拉力，闸瓦与闸轮分开，电动机启动运转。

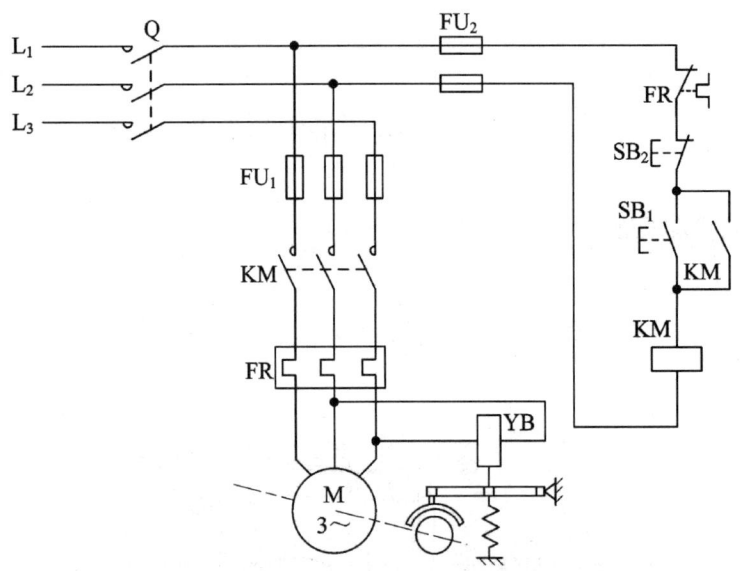

图 4-2　电磁抱闸制动控制电路

制动时，按下 SB_2 停止按钮，KM 线圈断电释放，YA 线圈断电释放，闸瓦在弹簧力的作用下，紧紧抱住闸轮，电动机迅速制动。

任务二　反接制动

知识链接 1　反接制动原理

反接制动状态，就是指转子旋转的方向与定子磁场旋转的方向相反时的工作状态。有倒拉反接和电源反接两种制动状态。本节介绍电源反接制动。

电源反接制动中，当异步电动机在电动状态下运行时，若将其定子绕组两相对调连接，改变异步电动机定子绕组中的三相电源相序，则定子旋转磁场立即反转，使转子切割磁力线的方向、感应电流的方向及电磁转矩的方向都随之反向，但转子由于机械惯性还来不及改变转向，故与电磁转矩方向相反，电磁转矩成了阻碍电动机旋转的制动转矩，电动机进入反接制动状态，在反向电磁转矩与负载转矩的共同作用下，使电动机转速很快降低，直至 $n=0$。这时应切除电源，使电动机停车，反接制动结束，否则电动机将反向启动。通俗地讲，电源反接制动就是用"开倒车"的方法使正在运转的电动机迅速地刹车。

知识链接 2　单向启动反接制动

如图 4-3 所示，电路的工作原理如下：

启动：

按下 SB$_1$ 启动按钮→KM$_1$ 线圈得电 $\begin{cases} \text{KM}_1 \text{ 主触头闭合} \to \text{电动机启动} \\ \text{KM}_1 \text{ 自锁触头闭合} \to \text{自锁} \\ \text{KM}_1 \text{ 联锁触头分断} \to \text{联锁、KM 线圈不得电} \\ \text{电动机转速} > 100\text{r/min} \to \text{速度继电器 KS} \\ \quad \text{常开触头闭合，准备制动} \end{cases}$

开始制动：

按下 SB$_2$ 停止按钮 $\begin{cases} \text{KM}_1 \text{ 线圈断电释放} \to \text{电动机作惯性运动} \\ \text{KM}_2 \text{ 线圈得电} \begin{cases} \text{KM}_2 \text{ 主触头闭合，串接电阻 R 反接制动} \\ \text{KM}_2 \text{ 自锁触头闭合} \to \text{自锁} \\ \text{KM}_2 \text{ 联锁触头分断} \to \text{联锁} \end{cases} \end{cases}$

制动结束：

当电动机转速 ≤100r/min 时，速度继电器 KS 常开触头分断，KM$_2$ 线圈断电释放，电动机制动结束。

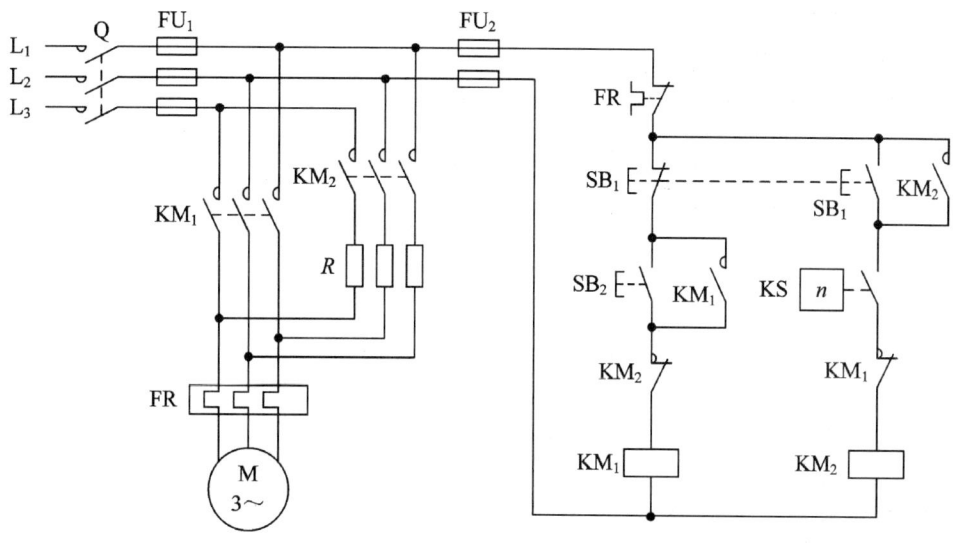

图 4-3　单向反接制动控制电路

反接制动时，转子与旋转磁场的方向相反，相对转速为 $n'_0 + n$（n'_0：反向旋转磁场转速，n：转子转速），此时转子电路切割旋转磁场产生的感应电流很大，比启动电流还大得多。在 KM_2 主触头上串接电阻 R 的目的就是要限制反接制动电流。

限流电阻的选择：

当电源电压为 220V 时，要求反接制动电流小于启动电流时，限流电阻可由下式确定：

$$R \approx 0.15 \frac{220}{I_q} \Omega$$

知识链接3　双向启动反接制动

1. 电路分析

如图 4-4 所示，主电路中主要器件的作用为：

KM_1 主触头用于正转运行及反转时的反接制动。

KM_2 主触头用于反转运行及正转时的反接制动。

KM_3 运转时闭合，制动时断开，保证电动机串接限流电阻制动。

KS 速度继电器的两个常开触头，一个用于正转时的反接制动；另一个用于反转时的反接制动。

如图 4-4 所示，控制电路中的主要器件作用为：

SB_1 复合按钮，KA_1、KA_3 中间继电器，KM_1、KM_3 接触器用于电动机的正转控制。

SB_2 复合按钮，KA_2、KA_4 中间继电器，KM_2、KM_3 接触器用于电动机的反转控制。

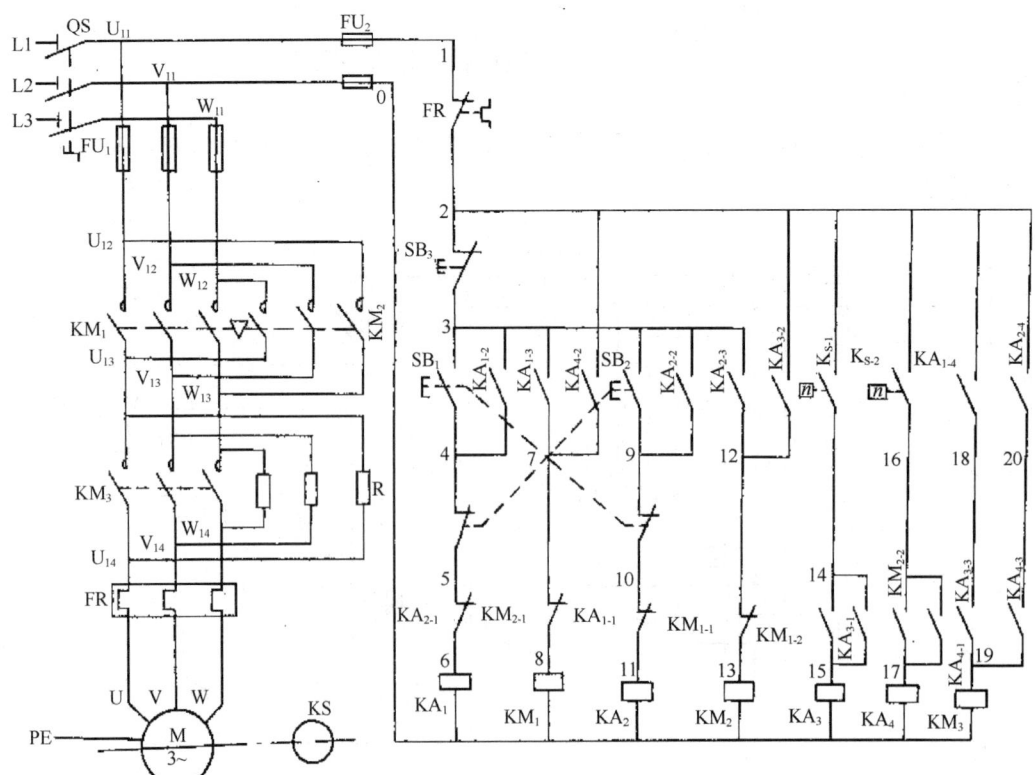

图 4-4　双向反接制动控制电路

正转的反接制动主要用到 SB_3 停止按钮，速度继电器 KA_{-1} 常开触头、中间继电器 KA_3、接触器 KM_2、KM_3 等。

反转的反接制动主要用到 SB_3 停止按钮、速度继电器 KA_{-2} 常开触头、中间继电器 KA_4、接触器 KM_1、KM_3 等。

2. 电路的工作原理

正转串电阻降压启动：

$$按下\ SB_1 \to KA_1\ 线圈得电 \begin{cases} KA_{1-1}\ 分断联锁 \\ KA_{1-2}\ 闭合自锁 \\ KA_{1-3}\ 闭合 \to KM_1\ 线圈得电 \begin{cases} KM_1\ 常闭触头分断联锁 \\ KM_1\ 常开触头闭合 \\ KM_1\ 主触头闭合，电动机串 \\ 电阻降压启动 \end{cases} \\ KA_{1-4}\ 闭合 \end{cases}$$

额定运行：

当电动机转速上升到一定值时，电动机转速大于 $300r/min$，速度继电器 KS_{-1} 常开头闭合，另 KM_{1-2} 常开头已闭合，所以

$$KA_3\ 线圈得电 \begin{cases} KA_{3-2}\ 闭合 \to 为\ KM_2\ 线圈通电做准备 \\ KA_{3-3}\ 闭合 \begin{cases} KM_3\ 线圈得电 \to KM_3\ 主触头闭合 \begin{cases} 电阻\ R_0\ 被短路 \\ 电动机转速 > 300r/min\ 时， \\ KS_{-1}\ 闭合，电动机额定运行 \end{cases} \end{cases} \\ KA_{3-1}\ 闭合自锁 \end{cases}$$

停机制动分断电源：

按下 SB_3 停止按钮，中间继电器 KA_1 线圈失电，其控制过程如下：

$$\begin{cases} KA_{1-1}\ 重新闭合 \\ KA_{1-2}\ 分断 \\ KA_{1-3}\ 分断 \to KM\ 线圈失电 \begin{cases} KM_1\ 自锁触头分断 \\ KM_1\ 联锁触头闭合 \\ KM_1\ 主触头分断 \to 电动机作惯性运动 \end{cases} \end{cases}$$

KA_{1-4} 分断 $\to KM_3$ 线圈失电 $\to KM_3$ 主触头分断 $\to$ 接入限流电阻 R

串接电阻制动：

由于 KA_{3-2} 已闭合，KM_1 常闭触头又重新闭合所以

KM_2 线圈得电 $\to KM_2$ 主触头闭合 $\to$ 电动机串电阻 R 反接制动。

制动结束：

当电动机的转速 $\leq 100r/min$ 时，KS_{-1} 常驻机构开触头重新分断，使

$$KA_3\ 线圈失电 \begin{cases} KA_{3-1}\ 自锁触头断开 \\ KA_{3-3}\ 自锁触头断开 \\ KA_{3-2}\ 自锁触头断开 \to KM_2\ 线圈断电释放 \to 制动结束 \end{cases}$$

三相异步电动机的反向启动需按下复合按钮 SB_2，制动时仍按 SB_3，其控制原理与正转电路相同，请读者自己分析。

任务三　能耗制动

知识链接1　能耗制动原理

将正在运行的异步电动机的定子绕组从电网断开，然后接上直流电源，在定子气隙中建立一个方向恒定的磁场。在电源切换后的瞬间，电动机转子由于机械惯性其转速不能突变，继续维持原方向旋转，转子转速相对于定子磁场来说，超前并接近同步转速而切割磁力线。因切割磁力线方向与原来电动机运行状态时相反，电磁转矩 T 反向成为制动转矩，使电动机进入制动状态。这种制动主要依靠转子的惯性动能转化为电能，并消耗在转子回路中所串接的电阻上，故称为能耗制动。

能耗制动的优点是制动准确、平稳，且能量消耗较小。缺点是需要附加直流电源装置，设备费用较高，制动力较弱，在低速时制动力矩小，因此能耗制动一般用于要求制动准确、平稳的场合，如磨床、立式铣床等的控制线路中。

知识链接2　能耗制动控制电路

如图4-5所示为全波整流能耗制动原理图，工作原理如下：

合上三相电源开关Q，接通三相交流电源

启动：
　　按启动按钮SB_2 → 接触器KM_1得电并自锁 → 三相异步电动机M通电启动正常运转

停止：
　　按停止按钮SB_1 → 接触器KM_1失电 → 电动机M失电后惯性旋转
　　　　　　　　　　　　　　　　　　　　→ KM_1动断触点恢复闭合
　　→ 接触器KM_2得电并自锁 → 三相定子绕组中通入直流电流 → 速度减小至零 → 能耗制动结束
　　→ 时间继电器KT得电 → KT延时动断触点断开 → 在电动机停转时断开直流电流

知识链接3　能耗制动电路实操

1. 实习目的

（1）能熟练地用万用表检测电工元器件的好坏。

（2）能熟练地标出回路标号。

（3）掌握能耗控制电路的安装方法。

（4）会检测以上三个电路出现不能制动的故障。

对于功率较大的电动机应采用三相整流电路，但所需设备多，成本高。对于10kW以下的电动机，在制动要求不高时，可采用无变压器单管能耗制动控制线路，这样设备简

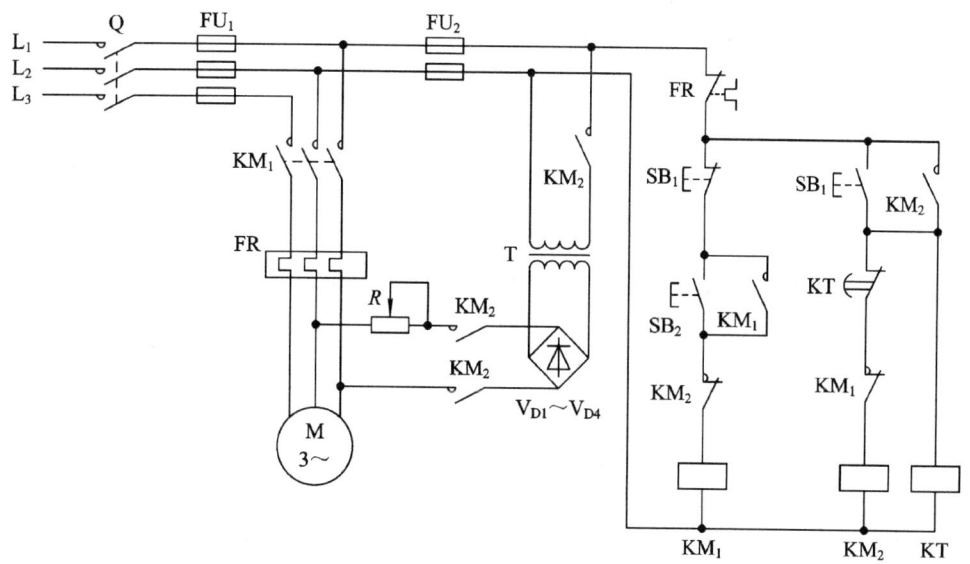

图 4-5 全波整流能耗制动原理图

单、体积小、成本低。图 4-6 为无变压器单管能耗制动控制线路，其工作原理读者可自行分析。

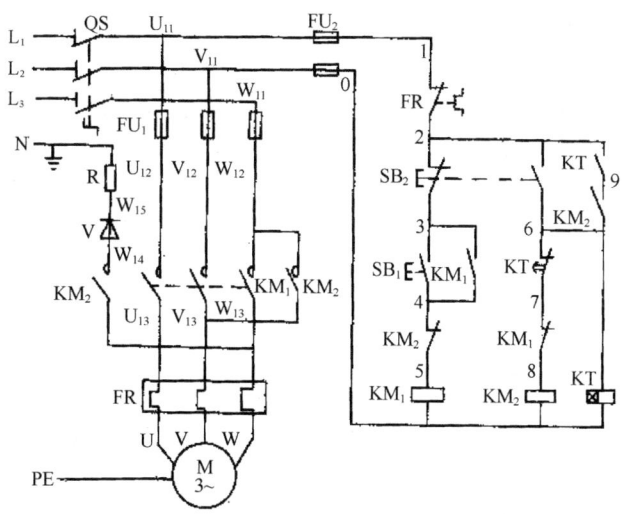

图 4-6 三相异步电动机半波整流能耗制动控制电路

2. 实训器材
（1）三相异步电动机半波整流能耗制动控制电路（图 4-6）。
（2）电工实验板套件（二人一组）。
（3）电工常用工具、万用表、导线、回标号管等。
3. 用万用表检测整流二极管及其他电器设备的好坏。若有坏的，请排除故障或更换
4. 画出能耗制动的安装图

5. 根据原理图及安装图安装能耗制动控制电路

6. 用万用表检测电路是否正确

7. 故障检修

（1）检修不能自锁故障。

（2）检修控制电路断路故障。

（3）检修主电路缺相故障。

（4）检修能耗制动功能丧失故障。

现象：按下 SB_1 停止按钮后，电能惯性运转，慢慢停机。

可能原因：①整流二极管被击穿，不能产生直流电，不能产生制动转矩。②整流电路出现断路故障。检查相关元器件，即可找出故障的原因。

8. 注意事项

（1）限流电阻一定要串联在电路中，不能漏接。

（2）整流二极管极性不能接反。

（3）KT 时间继电器延时调整，最好在转速接近零时，使 KM_2、KM_1 线圈失电。

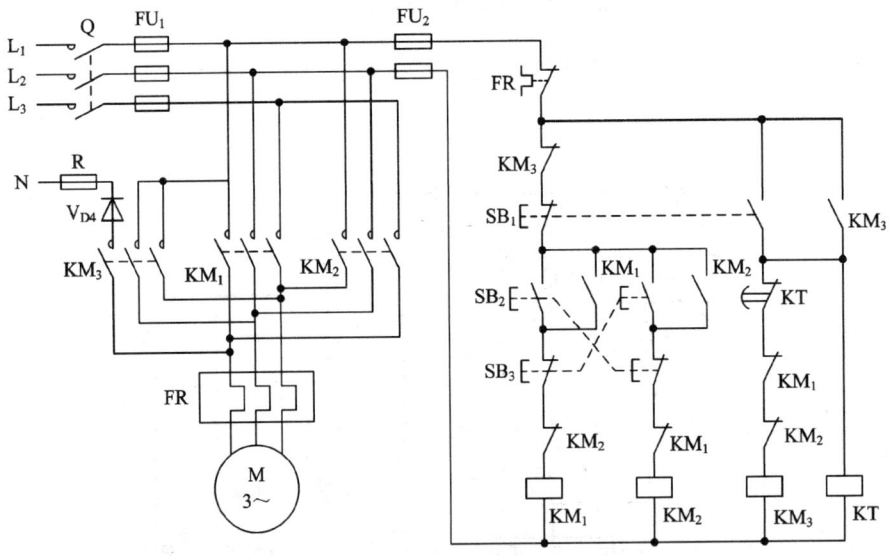

图 4-7　电动机双重联锁正反转启动能耗制动的控制原理图

项目五 三相异步电动机调速线路的安装及排故

> **项目目标**
> 掌握三相异步电动机变极调速原理
> 掌握双速电动机控制电路的工作原理
> 掌握变频调速原理及方式

【知识目标】

掌握双速电动机控制电路的工作原理,并会分析故障原因进行排故。理解SPWM,马鞍波PWM和空间电压矢量PWM的原理

【技能目标】

会进行双速电动机控制电路的安装方法。掌握单相正弦波脉宽调制法(SPWM)变频调速电路的安装和调试。

任务一 三相异步电动机的变极调速

由三相异步电动机的转速公式

$$n = (1-s)n_0 = (1-s)\frac{60f}{p}$$

可知,改变转差s,改变电源频率,改变磁极对数均可改变电动机的转速。

绕线式异步电动机可在转子电路中串接电阻启动,适当地选择转子电路串接的电阻,就可实现调速作用,这种调速就是改变转差率调速。

知识链接1 变极对数的原理

由图5-1可知,每相定子绕组由两个绕组组成,当两个绕组串联时,U_2、V_2、W_2悬空,U_1、V_1、W_1接电源,就是三角形连接;而U_1、V_1、W_1接在同一点,U_2、V_2、W_2就

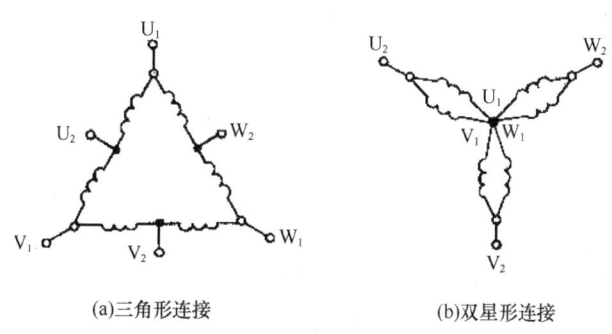

(a)三角形连接   (b)双星形连接

图5-1 △/YY双速电动机的定子绕组连接

是双星性连接。

三角形连接时是 4 极电动机,双星形连接时是 2 极电动机,其磁极对数的组成如图 5-2 所示。双速电动机可以连成 △/YY,也可以连成 Y/YY。如图 5-3 所示,Y/YY 双速电动机,定子绕组作星形连接时,为 4 极电动机,双星形连接时,为 2 极电动机。

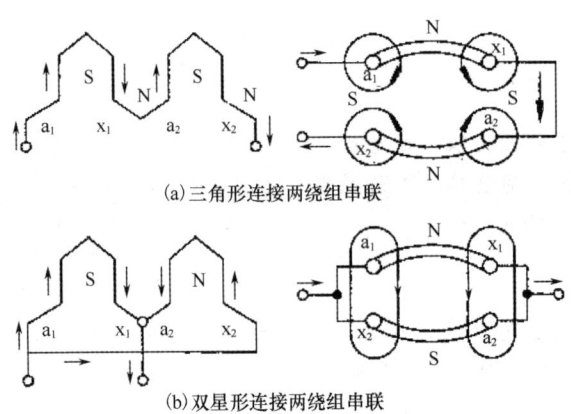

(a) 三角形连接两绕组串联

(b) 双星形连接两绕组串联

图 5-2　△/YY 定子绕组的磁极对

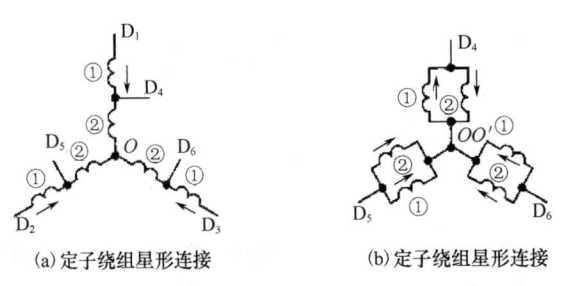

(a) 定子绕组星形连接　　(b) 定子绕组星形连接

图 5-3　Y/YY 定子绕组的结构

知识链接 2　双速电动机的控制电路

如图 5-4 所示,双速电动机控制电路的工作原理如下:

三角形低速运行:

按下 $SB_1 \to KM_1$ 线圈得电 $\begin{cases} KM_1 \text{ 主触头闭合} \to \text{电动机 △ 形接法低速运行} \\ KM_1 \text{ 自锁触头闭合} \to \text{自锁} \\ KM_1 \text{ 联锁触头分断} \to \text{锁住 } KM_2 \text{、} KM_3 \end{cases}$

双星形高速运行:

按下复合按钮 SB_2,KM_1 线圈断电释放。由于 KM_1 常闭触头重新闭合,SB_2 常开触头闭合,所以

KM_3 线圈得电 $\begin{cases} KM_3 \text{ 主触头闭合} \to \text{电动机双星形接法} \\ KM_3 \text{ 自锁触头闭合} \to \text{自锁} \\ KM \text{ 联锁触头分断} \to \text{锁住 } KM_1 \text{ 线圈} \end{cases}$

$$KM_2 \text{ 线圈得电} \begin{cases} KM_2 \text{ 联锁触头分断} \rightarrow \text{锁住 } KM_1 \text{ 线圈} \\ KM_2 \text{ 自锁触头闭合} \rightarrow \text{自锁} \\ KM_2 \text{ 主触头闭合} \rightarrow \text{电动机双星形高速运行} \end{cases}$$

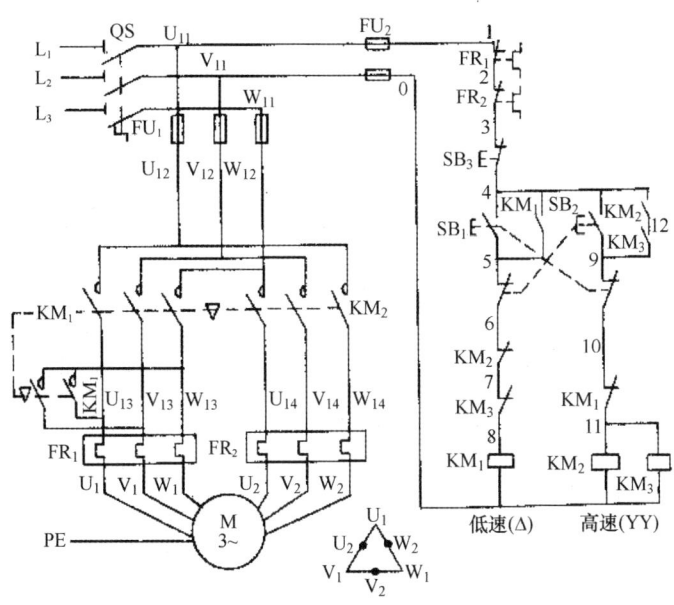

图 5-4 △/YY 双速电动机的控制电路

知识链接 3　双速电动机的控制实操

1. 实训目的
(1) 掌握双速电动机控制电路的安装方法。
(2) 能够熟练地画出双速电动机控制电路的安装图。
(3) 能熟练地检修断路、短路等故障。
2. 实训器材
(1) 双速电动机控制电路（演示、模板）。
(2) 双速电动机控制电路套件（2人一组）。
(3) 常用电工工具、电工仪表、导线、回路标号管等。
3. 画出 △/YY 双速电动机控制电路的安装图
4. 根据原理图及安装图安装双速电动机控制电路
5. 用万用表检测电路
6. 分析并改错下列由于安装错误而出现的故障
(1) 按下 SB_1，熔芯 FU_2 即烧断。
(2) 按下 SB_2，速度不能切换。
(3) 按下 SB_3，不能停机。

（4）按下 SB_1 不启动或变成点动控制。

例如：当 KM_2 常闭触头误接成 KM_2 常开触头、FU_2 熔芯没装、电源开关没合闸，这些都会使电动机低速运行不能启动，电动机低速不能启动还有其他原因，请读者根据安装过程中的错自己分析。

7. 注意事项

（1）主电路中双速绕组接线要正确，必要时可翻阅产品说明书。

（2）KM_1、KM_2、KM_3 主触头不能接错。

（3）回路标号标注要正确，每接一根线的同时就标注好回路标号。

任务二　三相异步电动机的变频调速

工业生产广泛使用电力拖动，电力拖动的耗电量占了工业生产总耗电量的一半，而电力拖动又离不开调速，选用先进的调速技术节省电能是节能降耗的重要措施。交流电动机变频调速是在现代微电子技术基础上发展起来的新技术，它不但比传统的直流电动机调速优越，而且也比调压调速、变极调速、串级调速等调速方式优越。它的特点是调速平滑、调速范围宽、效率高、特性好、结构简单、机械特性硬、保护功能齐全、运行平稳安全可靠，在生产过程中能获得最佳速度参数，是理想的调速方式。应用实践证明，交流电机变频调速一般能节电 30%，目前工业发达国家已广泛采用变频调速技术，在我国也是国家重点推广的节电新技术。

三相异步电动机的转速公式为：

$$n = n_1(1-s) = 60f(1-s)/p$$

当转差率固定在最佳值时，改变 f 即可改变转速 n。为使电机在不同转速下运行在额定磁通，改变频率的同时必须成比例地改变输出电压的基波幅值，这就是所谓的 VVVF（变压变频）控制。工频 50Hz 的交流电源经整流后可以得到一个直流电压源。对直流电压进行 PWM 逆变控制，使变频器输出 PWM 波形中的基波为预先设定的电压/频率比曲线所规定的电压频率数值。因此，这个 PWM 的调制方法是其中的关键技术。目前常用的变频器调制方法有 SPWM，马鞍波 PWM 和空间电压矢量 PWM 等方式。

知识链接1　SPWM 变频调速方式

正弦波脉宽调制法（SPWM）是最常用的一种调制方法，SPWM 信号是通过用三角载波信号和正弦信号相比较的方法产生的，当改变正弦参考信号的幅值时，脉宽随之改变，从而改变了主回路输出电压的大小。当改变正弦参考信号的频率时，输出电压的频率即随之改变。在变频器中，输出电压的调整和输出频率的改变是同步协调完成的，这称为 VVVF（变压变频）控制。

SPWM 调制方式的特点是半个周期内脉冲中心线等距、脉冲等幅，调节脉冲的宽度，使各脉冲面积之和与正弦波下的面积成正比例，因此，其调制波形接近于正弦波。在实际运用中对于三相逆变器，是由一个三相正弦波发生器产生三相参考信号，与一个公用的三角载波信号相比较，而产生三相调制波，如图 5-5 所示。

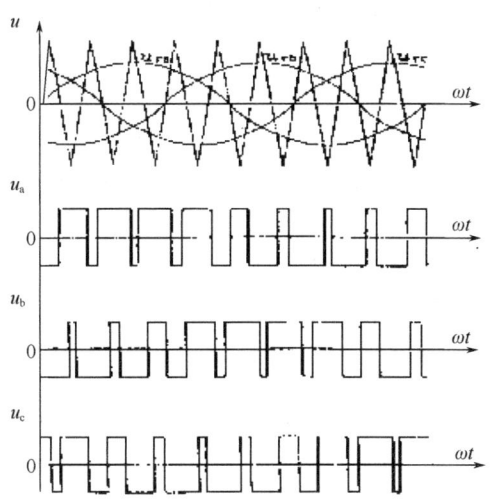

图 5-5 正弦波脉宽调制法

知识链接 2　马鞍波 PWM 变频调速方式

前面已经说过，SPWM 信号是由正弦波与三角载波信号相比较而产生的，正弦波幅值与三角波幅值之比为 m，称为调制比。正弦波脉宽调制的主要优点是：逆变器输出线电压与调制比 m 呈线性关系，有利于精确控制，谐波含量小。但是在一般情况下，要求调制比 $m<1$。当 $m>1$ 时，正弦波脉宽调制波中出现饱和现象，不但输出电压与频率失去所要求的配合关系，而且输出电压中谐波分量增大，特别是较低次谐波分量较大，对电机运行不利。另外可以证明，如果 $m<1$，逆变器输出的线电压中基波分量的幅值，只有逆变输入的电网电压幅值的 0.866 倍，这就使得采用 SPWM 逆变器不能充分利用直流母线电压。

为解决这个问题，可以在正弦参考信号上叠加适当的三次谐波分量，如图 5-6 所示。

图中：$u = u(\omega t) + u(3\omega) = \sin\omega t + 1/6\sin 3\omega t$

合成后的波形似马鞍形，所以称为马鞍波 PWM。采用马鞍波调制，使参考信号的最大值减小，但参考波形的基波分量的幅值可以进一步提高。即可使 $m>1$，从而可以在高次谐波信号分量不增加的条件下，增加其基波分量的值，克服 SPWM 的不足。目前这种变频方式在家用电器上应用广泛，如变频空调等。

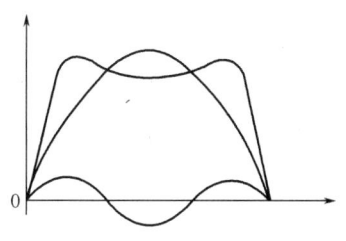

图 5-6　马鞍波的形成

知识链接 3　空间电压矢量 PWM 变频调速方式

对三相逆变器，根据三路开关的状态可以生成六个互差 60°的非零电压矢量 $V_1 \sim V_6$ 以及零矢量 V_0，V_7，矢量分布如图 5-7 所示。

当开关状态为（000）或（111）时，即生成零矢量，这时逆变器上半桥或下半桥功率器件全部导通，因此输出线电压为零。

由于电机磁链矢量是空间电压矢量的时间积分，因此控制电压矢量就可以控制磁链的轨迹和速率。在电压矢量的作用下，磁链轨迹越是接近圆，电机脉动转矩越小，运行性能越好。为了比较方便地演示空间电压矢量 PWM 控制方式的本质，我们采用了最简单的六边形磁链轨迹。尽管如此，其效果仍优于 SPWM 方法。

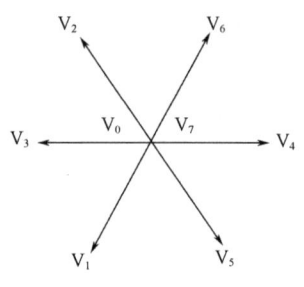

图 5-7　空间电压矢量的分布

知识链接 4　三相异步电动机 PWM 变频调速

三相异步电动机 PWM 变频调速原理如图 5-8 所示。图 $S_1 \sim S_6$ 为大功率晶体管。晶体管的导通与关断由微处理器控制。

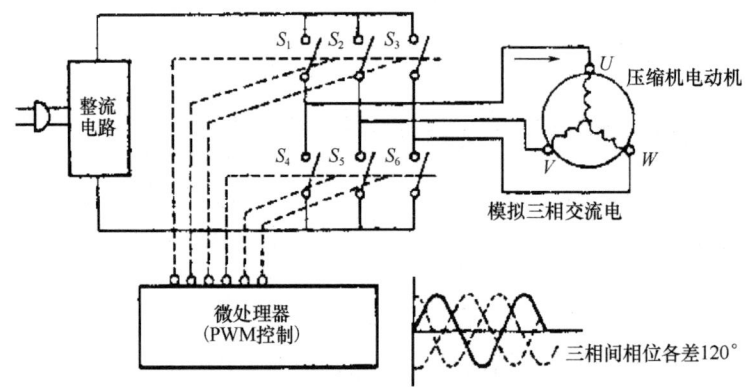

图 5-8　驱动变频电动机的的原理图

（1）当开关 S_1 和 S_5 导通，其他开关关断，三相异步电动机的电流由 U 端流到 V 端。

（2）当开关 S_2 和 S_6 导通，其他开关关断，三相异步电动机的电流由 V 端流到 W 端。

（3）当开关 S_3 和 S_4 导通，其他开关关断，三相异步电动机的电流由 W 端流到 U 端。

微处理器控制开关管 S_1 和 S_5、S_2 和 S_6、S_3 和 S_4 依次导通，使三相电流 I_{UV}、I_{VW}、I_{WU} 依次相差 120°。这样，三相定子绕组就会产生一个旋转磁场，使电动机实现变频调速。

项目六 常见机床（车床、磨床、镗床、铣床、钻床）控制线路的分析与检修

> **项目目标**
> 掌握 CA6140 型车床电路的安装技术、排故，并会测量电器元件的好坏
> 掌握 M7120 型平面磨床电路的安装技术、排故，并会测量电器元件的好坏
> 掌握 X62W 万能铣床电路的安装技术、排故，并会测量电器元件的好坏
> 掌握 T68 卧式镗床电路的安装技术、排故，并会测量电器元件的好坏
> 掌握 Z3040 钻床电路的安装技术、排故，并会测量电器元件的好坏

【知识目标】

掌握机床电气控制系统的控制原理，并会分析故障原因进行排故。

【技能目标】

会进行机床故障的排故及部分线路的接线。

任务一 CA6140 型车床电路的控制

知识链接 1 CA6140 车床结构

（一）型号

CA6140 型车床各符号的意义

C—类别代号：车床类

A—结构特性代号

6—组别代号：落地及卧式车床

1—系列代号：卧式车床系

40—最大孔径

（二）机械结构与性能

CA6140 型车床的主要结构如图 6-1 所示，主要由主轴箱、纵横溜板、进给箱、刀架、丝杠等组成。

车床的运动形式有切削运动和辅助运动。切削运动包括工件的旋转运动（主运动）和刀具的直线进给运动（进给运动），除此之外的其他运动都为辅助运动。

（1）主运动 主运动是指通过卡盘带动工件旋转。主轴的旋转是由主轴电动机经传动机构拖动，根据工件材料性质、车刀材料及几何形状、工件直径、加工方式及冷却条件的不同，要求主轴有不同的切削速度。另外，为了加工螺丝，还要求主轴能够正反转。车床的主轴有正反转，转速调节由主轴变速箱来完成，正转速度在 10~1400r/min，共有 24 挡，反转速度在 14~1580r/min，共有 12 挡。刀架的纵、横向运行由溜板箱上手柄控制。

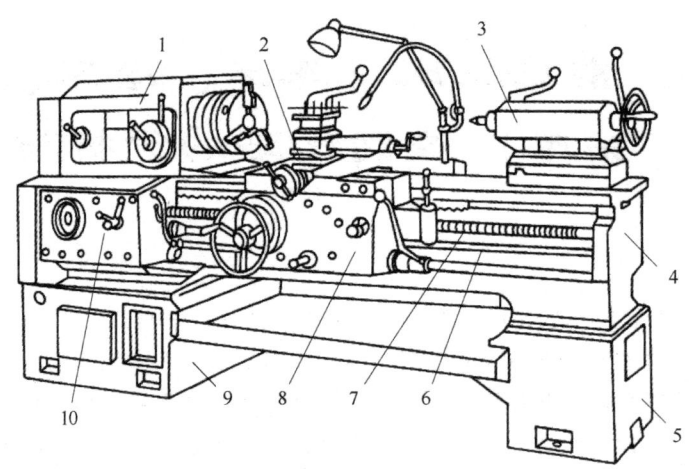

图 6-1 CA6140 型车床的主要结构
1—主轴箱 2—刀架 3—尾座 4—床身 5—右床腿 6—光杠
7—丝杠 8—溜板箱 9—左床腿 10—进给箱

（2）进给运动 车床的进给运动是刀架带动刀具纵向或横向直线运动，溜板箱把丝杠或光杠的转动传递给刀架部分，变换溜板箱外的手柄位置，经刀架部分使车刀做纵向或横向进给。刀架的进给运动也是由主轴电动机拖动的，其运动方式有手动或自动两种。

（3）辅助运动 指刀架的快速移动、尾座的移动以及工件的夹紧与放松等。

知识链接 2　CA6140 型车床的电气控制原理

1. 电路的功能区域

（1）机床电路比起电力拖动的基本单元控制电路要复杂得多，电器设备、元件也要多得多，所以在电气控制的原理图上，按功能从左自右标出区域，这样可便于看懂电路，便于安装与维修电路。

（2）如图 6-2 所示，在电气原理图上除了标出功能区域外，还在每个元件文字等号的下方，标出与该元件相关的区域数字，这样检修和查找起来非常方便。如 FR_2 常闭触头下的 3，表示热元件在 3 号区域，常开触头 KM 下的 7 表示 KM 线圈在 7 号区域。

（3）在接触器线圈下方从左至右分别标上主触头、常开触头、常闭触头的区域数字。例如，KM 线圈下的 3 个"2"表示 2 号区域，常开触头在 8 号、10 号区域，常闭触头没用，则用"×"表示（也可不用任何符号表示）。

继电器的常开、常闭触头所在位置表示方法同接触器。

2. 电源

如图 6-2 所示，各控制电路电源的功能如下：

（1）电源由自动空气开关控制。短路由 FU_1 熔断器进行保护，过流由空气开关的过流脱扣器保护（未画出）。

（2）控制电路由变压器 TC 分别提供 110V 的工作电压，24V 的照明电压及 6V 的信号灯电压。

（3）位置开关 SQ_1 在电路工作时闭合。检修时，打开皮带罩后，SQ_1 自动分断，使电

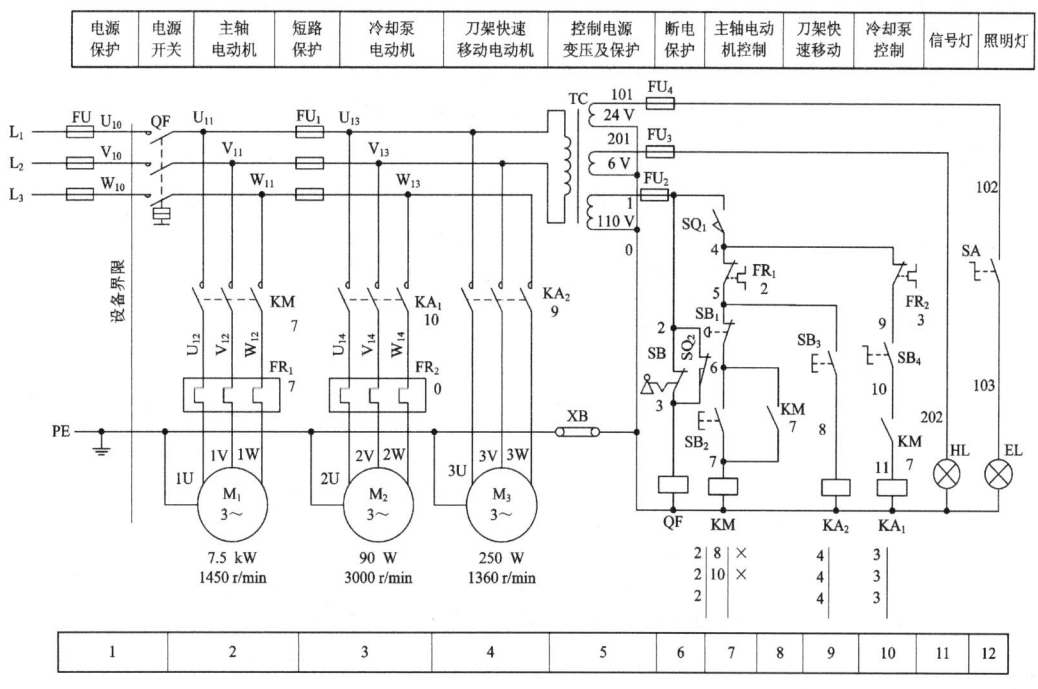

图 6-2 CA6140 型车床电气控制电路

路不能启动工作。

位置开关 SQ_2 在电路工作时分断，检修时打开配电屏门时 SQ_2 闭合，QF 线圈得电，使 QF 开关不能闭合，确保车床电路断电。

（4）接通电源 将钥匙开关 SB 右旋至开，上推 QF 开关控制柄至合的位置即可。

3. 机床电动机运行控制

（1）7.5KM 主轴电动机由接触器 KM 等电器组成的自锁、过载保护电路进行控制。

（2）90W 冷却泵电动机只有在主电动机启动后才能启动，该顺序控制电路由继电器 KA_1、转换开关 SB_4 等组成。

（3）250W 刀架快速移动电动机由继电器及按钮 SB_3 进行点动控制。

（4）接通电源信号灯 HL 就亮，工作照明灯由转换开关 SA 控制。

知识链接 3　CA6140 车床实操

1. 实习目的

（1）掌握 CA6140 型车床电路的安装技能。

（2）会选择 CA6140 型车床电路所需的电气元件，并会测量电器元件的好坏。

（3）学习用电压法测量电路的好坏。

2. 实习器材

（1）常用电工工具一套。

（2）万用表、兆欧表、钳形电流表。

（3）导线、金属软管、字码管等。

3. 安装 CA6140 型车床控制电路

（1）检测电气元件是否符合质量要求。
（2）根据安装图布置固定电气元件或熟悉电气元件的位置。
（3）用单股导线连接壁龛盘内的电气元件，要求横平竖直，套回路标号。
（4）用多股导线连接（穿管、套回路标号，穿 1~2 根备用线），电动机与主令电气元件。
（5）电路连接好后，用兆欧表检测电动机绕组及变压器主绕组的绝电阻。
（6）用万用表测量电气元件的金属外壳对地电阻是否为 0Ω。
（7）用万用表的交流电压挡检测电路是否正确。

1）检测电源线电压是否为 380V。
2）检测变压器输出电压 110V、24V、6V 是否正确。
3）当 SQ_1、SQ_2 闭合、SB 分断时，按下 SB_2（此前应检查整个电路正确无误）启动电路。用万用表测电压：

回路标号 1~7 电压应为 0V，若为 110V，说明该支路有断路故障。回路标号 7~0 之间应为 110V，否则线圈可能出现了断路。

电动机 M_1 任意两相之间电压为 380V，相电压为 220V。

用以上方法分别测量电动机 M_2、M_3 以及 9、10 两区的电路。

用电压表测量（电压法）电路，只能检测断路及局部短路故障。出现短路故障时，只能用测电阻的方法进行检测。

4. 注意事项

（1）带电检测电路一定要在老师的指导下进行。
（2）所有的接地线一定要接，而且要接牢。
（3）安装完毕后，一定要测量绝缘电阻、金属外壳的对地电阻。
（4）软管敷设路径合理，防止挤压、磨损。
（5）在设备齐全的条件下，根据 CA6140 型车床电气原理图安装电路。安装完成后，应在老师（机械工程师）的配合下，调试电路，并使车床运行。

设备不具备时，可仿真安装车床电路，然后观摩 CA6140 型电路及车床运行过程。

（五）故障检修

CA6140 型车床的常见故障分析如表 6-1 所示。

表 6-1　　　　　　　　　　CA6140 型车床常见故障分析

故障现象	原因	故障点	检查方法
按下 SQ_2 后，启动	停电或断路故障	电源是否有电？ FU_1、FU_2、FU SQ_1、FR_1、SB_1、SB_2、KM	查看电源电压表是否熔断 用电笔或万用表检测断路点
按下 SB_2 后 QF 跳闸	短路故障	M_1 绕组击穿或部分击穿 KM 线圈击穿或部分击穿 TC 绕组击穿或部分击穿	万用表查三相绕组 万用表查 KM 线圈，看看是否烧焦
HL 或 EL 不亮	断路或灯泡损坏	SA 不能闭合 HL 或 EL、或 FU_3、FU_4 熔断	电笔或万用表测量灯座接触是否良好，是否有漏电处熔丝熔断

续表

故障现象	原因	故障点	检查方法
合上 SB_4 后 M_2 不启动	断路故障	FR_2、SB_4、KM 常开，KA_1 线圈	用电笔或万用表检测断路点
合上 QF 就跳闸	短路	TC、KM、KA_2、KA_1、M_1、M_2、M_3、QF 绕组或	FU 熔断，查 M_1 FU_1 熔断 M_2、M_3、TC 查看有关线圈，绕组有否烧焦痕迹 检查 M_1、M_2、M_3、TC 的绝缘电阻

任务二 M7120 型平面磨床电路的控制

知识链接 1　M7120 型平面磨床结构

1. 型号

M7120 型号各符号的意义

M—磨床

7—平面

1—卧轴台式

20—工作台面宽为 20cm

2. 机械结构与性能

磨床是用砂轮的周边或端面对工件的表面进行机械加工的一种精密机床。磨床的种类很多，根据用途不同可分为平面磨床、内圆磨床、外圆磨床、无心磨床以及一些专用磨床等。平面磨床是用砂轮来磨削加工各种零件表面的应用最普遍的一种机床。M7120 型磨床的主要结构如图 6-3 所示，主要由床身、工作台、电磁吸盘、磨头等组成。

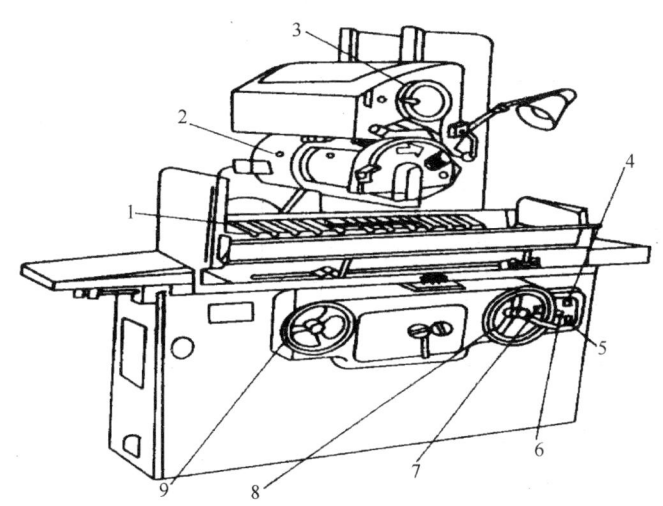

图 6-3　M7120 型平面磨床主要结构图

1—电磁吸盘　2—磨头　3—磨头横进给手轮　4—砂轮启动按钮　5—停止按钮
6—电磁吸盘按钮　7—液压泵电动机启动按钮　8—磨头垂直进给手轮　9—工作台移动手轮

知识链接 2　M7120 型平面磨床电气控制原理

1. 电源

（1）如图 6-4 所示，四台电动机的线电压为 380V，由 QS_1 控制。

（2）变压器 TC 提供 110V、24V 及 6V 的电压分别用于控制电路、照明与整流电路、信号灯电路。KA 中间继电器起着为控制电路接通 110V 电源的作用。

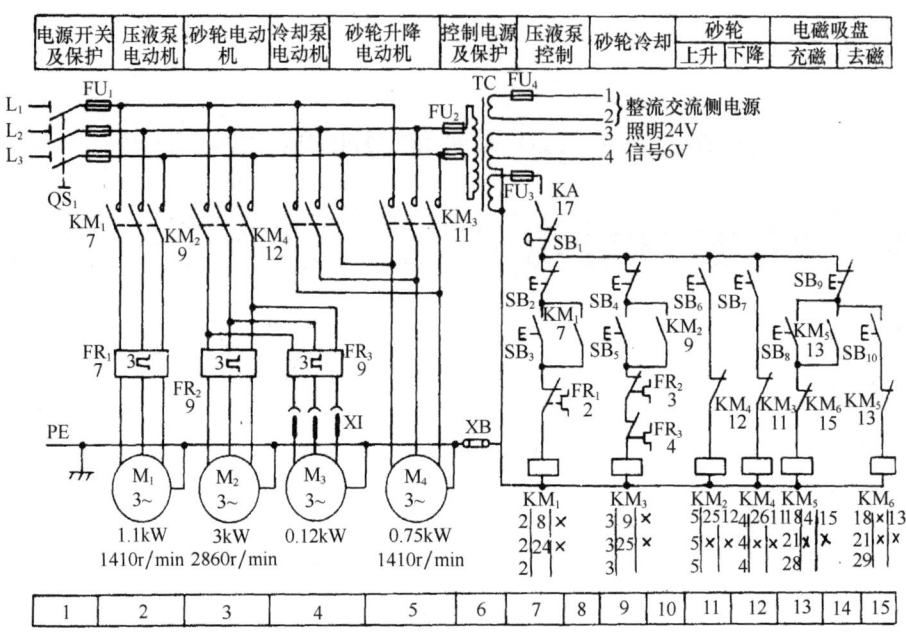

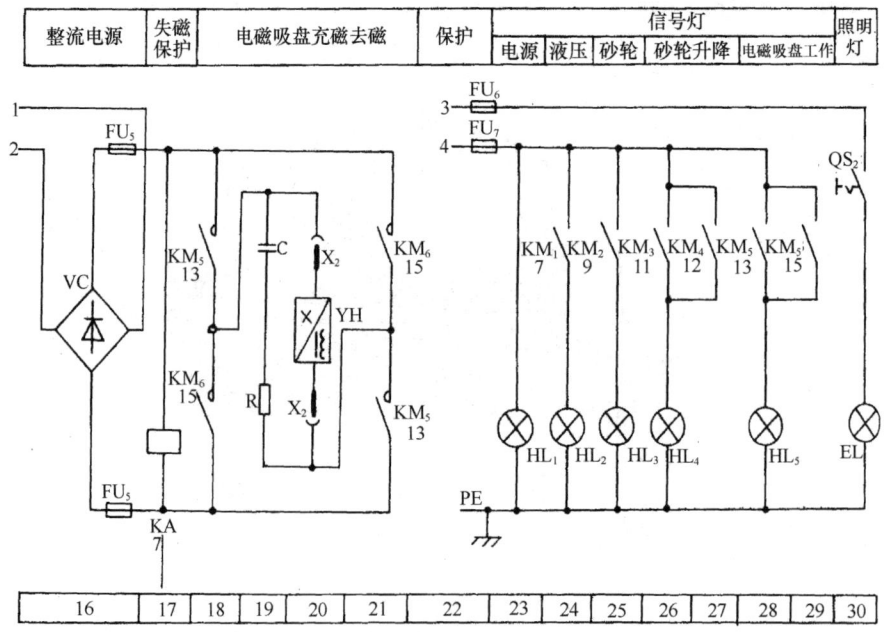

图 6-4　M7120 型平面磨床电气控制电路

(3) 电磁吸盘 YH 的直流电源由整流电路 TC（24V）与桥式整流器 VC 提高。

2. 电动机的运行控制

(1) 2 区的液压电动机 M_1 与 7 区的 KM_1 支路组成的是一自锁、过载保护的电动机正转电路。电动机 M_1 运转后，通过液压装置控制工作台做往返运动。

(2) 3 区的砂轮电动机与 9 区的 KM_2 支路功能同 M_1 的控制原理。4 区的冷却电动机 M_3 与 M_2 组成的是一主电路控制的顺序启动电路。M_2 启动后，M_3 接插 X_1 即启动。

(3) 5 区的砂轮升降电动机 M_4 与 11、12 区的 KM_3、KM_4 组成的是电动机点动控制正反转电路。

3. 电磁吸盘

13～15 区的 KM_5、KM_6 支路用于控制 16～21 区电磁吸盘充去磁。充磁工作时，其工作原理如下：

按下 SB_6 — KM_5 线得电 $\begin{cases} KM_5 \text{自锁触头闭合自锁} \\ KM_5 \text{主触头闭合} \rightarrow YH \text{充磁} \rightarrow \text{吸持工件} \\ KM_5 \text{联锁触头闭合联锁} \end{cases}$

由图 6-4 易看出，电磁吸盘的电流方向是由上往下。

去磁时按下 SB_9，KM_5 断电释放，同时

按下 $SB_{10} \rightarrow KM_6$ 线圈得电 $\begin{cases} KM_6 \text{主触头闭合} \rightarrow YH \text{去磁释放工件} \\ KM_6 \text{联锁触头分断联锁} \end{cases}$

此时电磁吸盘的电流和充磁时相反，方向是由下往上。

4. 信号与照明

(1) 信号灯分别由接触器 $KM_1 \sim KM_6$ 控制，只要接触器得电，对应的信号灯就亮。信号灯批示的是当前的工作状态。

(2) 24V 的照明灯由旋转开关 SQ_2 控制。

知识链接 3　M7120 型平面磨床实操

1. 实习目的

(1) 学习用线槽布线。安装 M7120 型平面磨床电气控制电路。

(2) 掌握 M7120 型平面磨床电路常见故障的检修。

(3) 观摩 M7120 型或其他磨床的运行过程，了解其电气控制过程及机械加工过程。

2. 实习器材

(1) M7120 型平面磨床电气控制电路元件如表 6-2 所示。

表 6-2　　　　　　　　　M7120 型平面磨床控制电路元件表

代号	元件名称	型号	规格	件数	作　　用
M_1	液压泵电动机	JO2-21-4	1.1kW 1410r/min	1	液压泵传动
M_2	砂轮电动机	JO2-31-2	3kW 2860r/min	1	砂轮传动
M_3	冷却泵电动机	PB-25A	0.12kW	1	供给冷却液
M_4	砂轮升降电动机	JO3-801-4	0.75kW 1410r/min	1	砂轮升降传动
KM_1	交流接触器	CJ0-10A	线圈电压 110V	1	控制液压泵电动机 M_1

续表

代号	元件名称	型号	规格	件数	作用
KM_2	交流接触器	CJ0-10A	线圈电压110V	1	控制砂轮电动机 M_2
KM_3	交流接触器	CJ0-10A	线圈电压110V	1	点动控制砂轮升降电动机 M_4 上升
KM_4	交流接触器	CJ0-10A	线圈电压110V	1	点动控制砂轮升降电动机 M_4 下降
KM_5	交流接触器	CJ0-10A	线圈电压110V	1	控制电磁吸盘充磁
KM_6	交流接触器	CJ0-10A	线圈电压110V	1	点动控制电磁吸盘去磁
FR_1	热继电器	JR10-10	2.71A	1	M_1 过载保护
FR_2	热继电器	JR10-10	6.18A	1	M_2 过载保护
FR_3	热继电器	JR10-10	0.47A	1	M_3 过载保护
SB_1	按钮	LA2型		1	总停
SB_2	按钮	LA2型		1	液压泵停止
SB_3	按钮	LA2型		1	液压泵启动
SB_4	按钮	LA2型		1	砂轮停止
SB_5	按钮	LA2型		1	砂轮启动
SB_6	按钮	LA2型		1	砂轮上升启动
SB_7	按钮	LA2型		1	砂轮下降启动
SB_8	按钮	LA2型		1	电磁吸盘充磁
SB_9	按钮	LA2型		1	电磁吸盘停止充磁
SB_{10}	按钮	LA2型		1	电磁吸盘去磁
TC	变压器	BK-150	380/110V、24V、6V、140V	1	整流降压照明灯、指示灯低压电源
VC	硅整流器	4X2CZ11C		1	整流
KA	欠电压继电器			1	欠电压保护
R	电阻	GF型	50W/50Ω	1	放电保护
C	电容		600V/5μF	1	放电保护
YH	电磁吸盘	HDXP	110V/1.45A	1	吸持工件
X_1	接插器	CY0-36型		1	连接电磁吸盘
X_2	接插器	CY0-26型		1	连接 M_3
FU_1	熔断器	RL1	60/25A	3	总线路短路保护
FU_2	熔断器	RL1	15/6A	2	变压器输入端短路保护
FU_3	熔断器	RL1	15/6A	1	控制电路短路保护
FU_4	熔断器	RL1	15/2A	1	变压器输出短路保护
FU_5	熔断器	RL1	15/2A	2	整流电路短路保护
FU_6	熔断器	RL1	15/2A	1	照明电路短路保护
FU_7	熔断器	BCF	15/2A	1	指示灯电路短路保护
QS_1	转换开关	HZ1	25/3	1	电源总开关
QS_2	工作台照明灯开关			1	低压照明开关
HL_1~HL_5	指示灯		6.3V	5	指示电路工作状况
EL	工作台照明灯		24V	1	加工时照明

(2) 电工常用工具一套。
(3) 万用电表、兆欧表、钳形表各一只。
(4) 多股软导线若干。
(5) 线槽若干米,金属软管、塑料管、水煤气金属管若干米。

3. 阅读、熟悉 M7120 型平面磨床电气控制原理图

设计并画出电器元件的分布图,画出 M7120 型平面磨床的电气安装图。

设计时要求:

(1) 画出电气元件的图形符号、文字符号。
(2) 标出回路标号。
(3) 导线经过端子排时,也要标回路标号。

4. 根据原理图、安装图安装 M7120 型平面磨床电路

5. 注意事项

(1) 不要漏接零线。
(2) 每安装一根导线都要套好回路标号,并随即检查是否正确。导线一旦进入线槽后,检查时就不怎么方便了。
(3) 到按钮、电动机的导线应穿管,并套好回路标号。
(4) 只有在老师的指导下才能通电试车。
(5) 整流二极管的电压不能接反。
(6) 确保各功能电路的电压不能接错,安装完电路后,应检测各电源电压是否正常。
(7) 条件具备的,应结合 M7120 型平面磨床据实安装电路;条件不具备的,应在安装板上安装仿真电路,观摩实际磨床的电气控制过程与机械加工过程。

6. 常见故障的维修

在老师的指导下完成表 6-3 所示的 M7120 型平面磨床的常见故障。

表 6-3　　　　　　　　　M7120 型平面磨床的常见故障分析

故障现象	原因	故障点	检查方法
按 SB_3,M_1 不启动	断路	FU_2、FU_3、KA、SB_1、SB_3 等有断路、没能闭合或熔断故障点	用电笔或万用表欧姆档检查,若 FU_2、FU_3 熔断要查明原因
按 SB_5,M_2 不启动	断路	参考上	同上
按 SB_8 充磁正常,按 SB_{10} 不去磁	断路	SB_{10} 不能闭合或 KM_3 不能闭合 KM_6 线圈断路或 KM_6 主触头不闭合	用电笔依次检查、测试
磨头能降不能升	断路	SB_6 或 KM_3 不能闭合或 KM_4 线圈断路	同上
某一信号灯不亮	断路	灯丝烧断或接触松动	换灯泡或旋紧
电磁吸盘不工作	断路短路	FU_5 熔断 整流管击穿,输出交流	查明原因,更换 检测二极管

续表

故障现象	原因	故障点	检查方法
TC 突然燃烧	过载	绕组绝缘层老化被击穿	寻问现象 打开壁龛控制箱观察检查
上升后摇臂不夹紧	12 区的 KM_3 反转电路断路	KM_2、SQ_{2-2} 没能闭合	检查 KM_2 常闭触头是否闭合 传动齿轮与 SQ_{2-2} 位置是否匹配
立柱不能松开	断路或机械、液压传动部分失灵	SB_1 常开触头不能闭合，SB_2、KM_5 常闭触头断路，油压系统、传动机构故障	用万用表或电笔检测断路点 检查 M_4 与立柱松开之间的油压传动机构
立柱不能夹紧	断路或机械液压传动部分失灵	SB_1、KM_4 常闭触头断路，SB_2 常开触头不能闭合 油压、传动机构故障	检查方法同上

摇臂不能下降，下降后摇臂不能夹紧的故障请参照摇臂不能上升、上升后不能夹紧的故障进行分析。

知识链接 4　M7130 型平面磨床分析

（一）主要结构及运动形式

M7130 型平面磨床是卧轴矩形工作台式磨床，其结构如图 6-5 所示，主要由床身、工作台、电磁吸盘、砂轮架（又称磨头）、滑座和立柱等部分组成。它的主运动是砂轮的快速旋转，辅助运动是工作台的纵向往复运动以及砂轮架的横向和垂直进给运动。工作台每完成一次纵向往复运动，砂轮架横向进给一次，从而能连续地加工整个平面。当整个平面磨完一遍后，砂轮架在垂直于工作表面的方向移动一次，称为吃刀运动。通过吃刀运

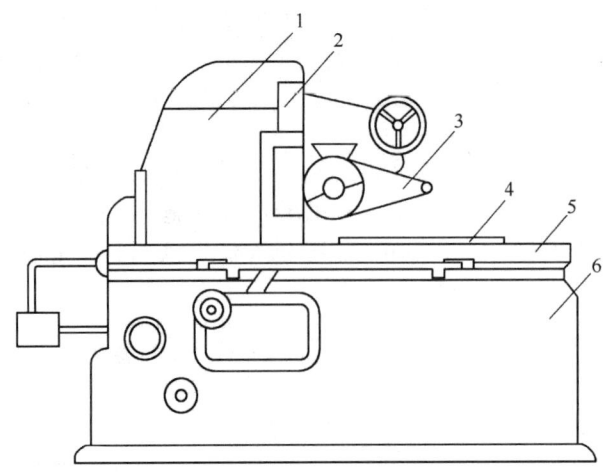

图 6-5　M7130 型平面磨床外形图
1—立柱　2—滑座　3—砂轮架　4—电磁吸盘　5—工作台　6—床身

动,可将工件尺寸磨到所需的尺寸。

(二)电力拖动的特点及控制要求

1. 砂轮的旋转运动

砂轮电动机 M_1 装在砂轮箱内,带动砂轮旋转,对工件进行磨削加工。由于砂轮的旋转一般不需要调速,所以采用一台多相异步电动机拖即可,为了使磨床体积小,结构简单和提高其加工精度,采用了装入式电动机,将砂轮直接装在电动机轴上。

2. 工作台的往复运动

装在床身水平纵向导轨上的矩形工作台的往复运动是由液压传动完成的,因液压传动换向平稳,易于实现无级调速。液压泵电动机 M_3 拖动液压泵,工作台在液压作用下作纵向往复运动。当装在工作台前侧的换向挡铁碰撞床身上的液压换向开关时,工作台就自动改变了方向。

3. 砂轮架的横向进给

砂轮架的上部有燕尾形导轨,可沿着滑座上的水平导轨作横向(前后)移动。在磨削的过程中,工作台换向时,砂轮架就横向进给一次。在修正砂轮或调整砂轮的前后位置时可连续横向移动。砂轮架的横向进给运动可由液压传动,也可由手轮来操作。

4. 砂轮架的升降运动

滑座可沿着立柱的导轨垂直上下移动,以调整砂轮架的上下位置,或使砂轮磨入工件,以控制磨削平面时工件的尺寸。这一垂直进给运动是通过操作手轮控制机械传动装置实现的。

5. 切削液的供给

冷却泵电动机 M_2 拖动切削泵旋转,供给砂轮和工件切削液,同时,切削液可以带走磨下的铁屑。要求砂轮电动机 M_1 与冷却泵电动机 M_2 是顺序动作的。

6. 电磁吸盘的控制

根据加工工件的尺寸大小和结构形状,可以把工件用螺钉和压板直接固定在工作台上,也可以在工作台上安装电磁吸盘,将工件吸附在电磁吸盘上。为此,要有充磁和退磁控制环节。为保证安全,电磁吸盘与电动机 M_1、M_2、M_3 三台电动机之间必须有电气联锁装置,即电磁吸盘吸合后,电动机才能启动。电磁吸盘不工作或发生故障时,三台电动机均不能启动。

(三)电气控制线路分析

M7130 型平面磨床的电路图如图 6-6 所示。该线路分为主电路、控制电路、电磁吸盘电路和照明电路四部分。

1. 主电路分析

QS_1 为电源开关。主电路中有 3 台电动机,M_1 为砂轮电动机,M_2 为冷却泵电动机,M_3 为液压泵电动机,它们共用一组熔断器 FU_1 作为短路保护;由于冷却泵箱和床身是分装的,所以冷却泵电动机 M_2 和砂轮电动机 M_1 的电源线相连,并和 M_1 在主电路实现顺序控制。冷却泵电动机的容量较小,没有单独设置过载保护;液压泵电动机 M_3 由交流接触器 KM_2 控制,由热继电器 FR_2 作过载保护。

2. 控制电路分析

控制电路采用交流 380V 电压供电,由熔断器 FU_2 作短路保护。

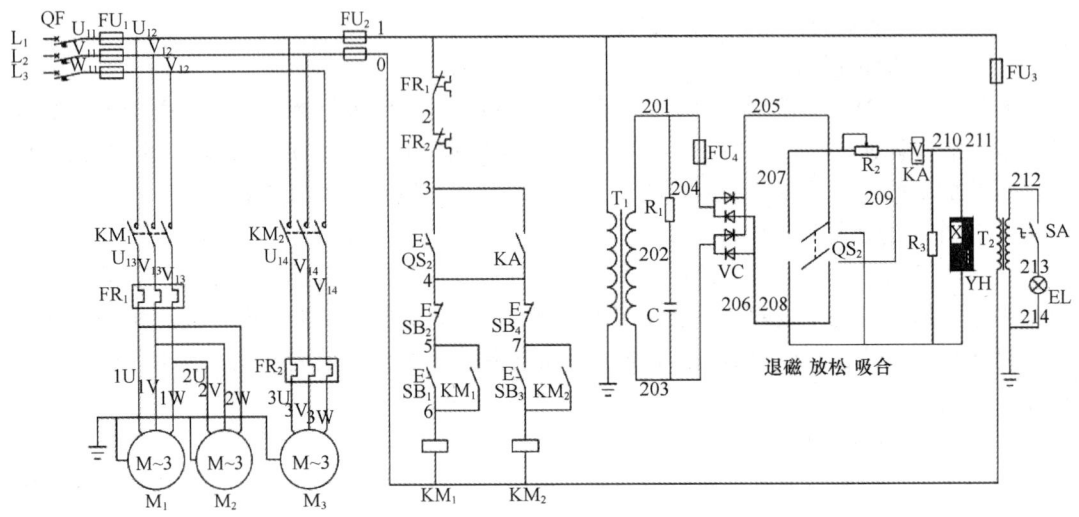

图6-6 M7130型平面磨床电气原理图

在电动机的控制电路中，串接着转换开关 QS_2 的常开触头和欠电流继电器 KA 的常开触头，因此，三台电动机启动的必要条件是使 QS_2 或 KA 的常开触头闭合。欠电流继电器 KA 的线圈串接在电磁吸盘 YH 的工作回路中，所以当电磁吸盘得电工作时，欠电流继电器 KA 的线圈得电吸合，接通砂轮电动机 M_1 和液压泵电动机 M_3 的控制电路，这样就保证了在加工工件被 YH 吸合的情况下，砂轮和工作台才能进行磨削加工，保证了安全。

砂轮电动机 M_1 和液压泵电动机 M_3 都采用了交流接触器自锁正转控制线路，SB_1、SB_3 分别是它们的启动按钮，SB_2、SB_4 分别是它们的停止按钮。

3. 电磁吸盘电路分析

电磁吸盘是用来固定加工工件的一种夹具。它与机械夹具相比较，具有夹紧迅速，操作快速简便，不损伤工件，一次能吸牢多个小工件以及磨削中发热工件可以自由伸缩、不会产生变形等优点。不足之处就是只能吸住铁磁材料的工件，不能吸牢非磁性材料（如铜、铝等）的工件。电磁吸盘电路包括整流电路、控制电路和保护电路三部分。

整流电路中的整流变压器 T_1 将 220V 的交流电压降为 127V，然后经桥式整流器 VC 后输出 110V 的直流电压。QS_2 是电磁吸盘 YH 的转换控制开关（又叫退磁开关），有"吸合""放松"和"退磁"三个位置。当 QS_2 扳到"吸合"位置时，触头（205～208）和（206～209）闭合，110V 直流电压接入电磁吸盘 YH，工件被牢牢吸住。此时，欠电流继电器 KA 线圈得电吸合，KA 的常开触点闭合，接通砂轮和液压泵电动机的控制电路。待工件加工完毕，先把 QS_2 扳到"放松"位置，切断电磁吸盘 YH 的直流电源。此时由于工件具有剩磁而不能取下，因此，必须要进行退磁。将 QS_2 扳到"退磁"位置，这时，触头（205～207）和（206～208）闭合，电磁吸盘 YH 通入较小的（因串入了退磁电阻 R_2）反向电流进行退磁。退磁结束，将 QS_2 扳到"放松"的位置，即可将工件取下。

电磁吸盘的保护电路由放电电阻 R_3 和欠电流继电器 KA 组成。电阻 R_3 是电磁吸盘的放电电阻。因为电磁吸盘的电感很大，当电磁吸盘从"吸合"状态转变为"放松"状态的瞬间，线圈两端将产生很大的自感电动势，容易使线圈或者其他电器由于过电压而损坏。电阻 R_3 的作用是在电磁吸盘断电瞬间给线圈提供放电通路,吸收线圈释放的磁场能量。欠电压继电器 KA 用于防止电磁吸盘断电时工件脱出发生事故。

电阻 R_1 与电容器 C 的作用是防止电磁吸盘回路交流侧的过电压。熔断器 FU_4 为电磁吸盘提供短路保护。

4. 照明电路分析

照明变压器 T_2 将 380V 的交流电压降为 36V 的安全电压供给照明电路。EL 为照明灯,一端接地,另一端由开关 SA 控制。熔断器 FU_3 作照明电路的短路保护。

任务三　X62W 万能铣床电路的控制

知识链接 1　X62W 万能铣床结构

(一) 型号

X62W 万能铣床各符号的意义

X—表示铣床

6—表示卧式

2—表示 2 号工作台 (表示工作台宽度)

W—表示万能

(二) 机械结构与性能

(1) 主要结构　由床身、主轴、刀杆、横梁、工作台、回转盘、横溜板和升降台等几部分组成,如图 6-7 所示。

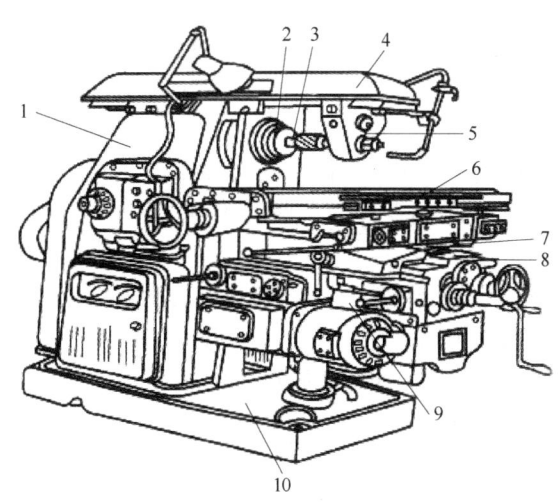

图 6-7　X62W 万能铣床主要结构图

1—床身　2—主轴　3—铣刀　4—悬梁　5—寻杆支架　6—工作台
7—溜板　8—回转盘　9—进行变速箱　10—底座

(2) 运动形式

1) 主轴转动是由主轴电动机通过弹性联轴器来驱动传动机构,当机构中的一个双联滑动齿轮块啮合时，主轴即可旋转。

2）工作台面的移动是由进给电动机驱动，它通过机械机构使工作台能进行三种形式六个方向的移动，即：工作台面能直接在溜板上部可转动部分的导轨上作纵向（左、右）移动；工作台面借助横溜板作横向（前、后）移动；工作台面还能借助升降台作垂直（上、下）移动。

知识链接 2　X62W 万能铣床电气控制原理

1. 机床对电气线路的主要要求

（1）机床要求有三台电动机，分别称为主轴电动机、进给电动机和冷却泵电动机。

（2）由于加工时有顺铣和逆铣两种，所以要求主轴电动机能正反转及在变速时能瞬时冲动一下，以利于齿轮的啮合，并要求还能制动停车和实现两地控制。

（3）工作台的三种运动形式、六个方向的移动是依靠机械的方法来达到的，对进给电动机要求能正反转，且要求纵向、横向、垂直三种运动形式相互间应有联锁，以确保操作安全。同时要求工作台进给变速时，电动机也能瞬间冲动、快速进给及两地控制等。

（4）冷却泵电动机只要求正转。

（5）进给电动机与主轴电动机需实现两台电动的联锁控制，即主轴工作后才能进行进给。

2. 电气控制线路分析

机床电气控制线路见图 6-8。电气原理图由主电路、控制电路和照明电路三部分组成。

（1）主电路　有三台电动机。M_1 是主轴电动机；M_2 是进给电动机；M_3 是冷却泵电动机。

1）主轴电动机 M_1 通过换相开关 SA_5 与接触器 KM_1 配合，能进行正反转控制，而与接触器 KM_2、制动电阻器 R 及速度继电器的配合，能实现串电阻瞬时冲动和正反转反接制动控制，并能通过机械进行变速。

2）进给电动机 M_2 能进行正反转控制，通过接触器 KM_3、KM_4 与行程开关及 KM_5、牵引电磁铁 YA 配合，能实现进给变速时的瞬时冲动、六个方向的常速进给和快速进给控制。

3）冷却泵电动机 M_3 只能正转。

4）熔断器 FU_1 作机床总短路保护，作为 M_1、M_2、M_3 及控制变压器 TC、照明灯 EL 的短路保护；热继电器 FR_1、FR_2、FR_3 分别作为 M_1、M_2、M_3 的过载保护。

（2）控制电路

1）主轴电动机的控制

①SB_1、SB_3 与 SB_2、SB_4 是分别装在机床两边的停止（制动）和启动按钮，实现两地控制，方便操作。

②KM_1 是主轴电动机启动接触器，KM_2 是反接制动和主轴变速冲动接触器。

③SQ_7 是与主轴变速手柄联动的瞬时动作行程开关。

④主轴电动机需启动时，要先将 SA_5 扳到主轴电动机所需要的旋转方向，然后再按启动按钮 SB_3 或 SB_4 来启动电动机 M_1。

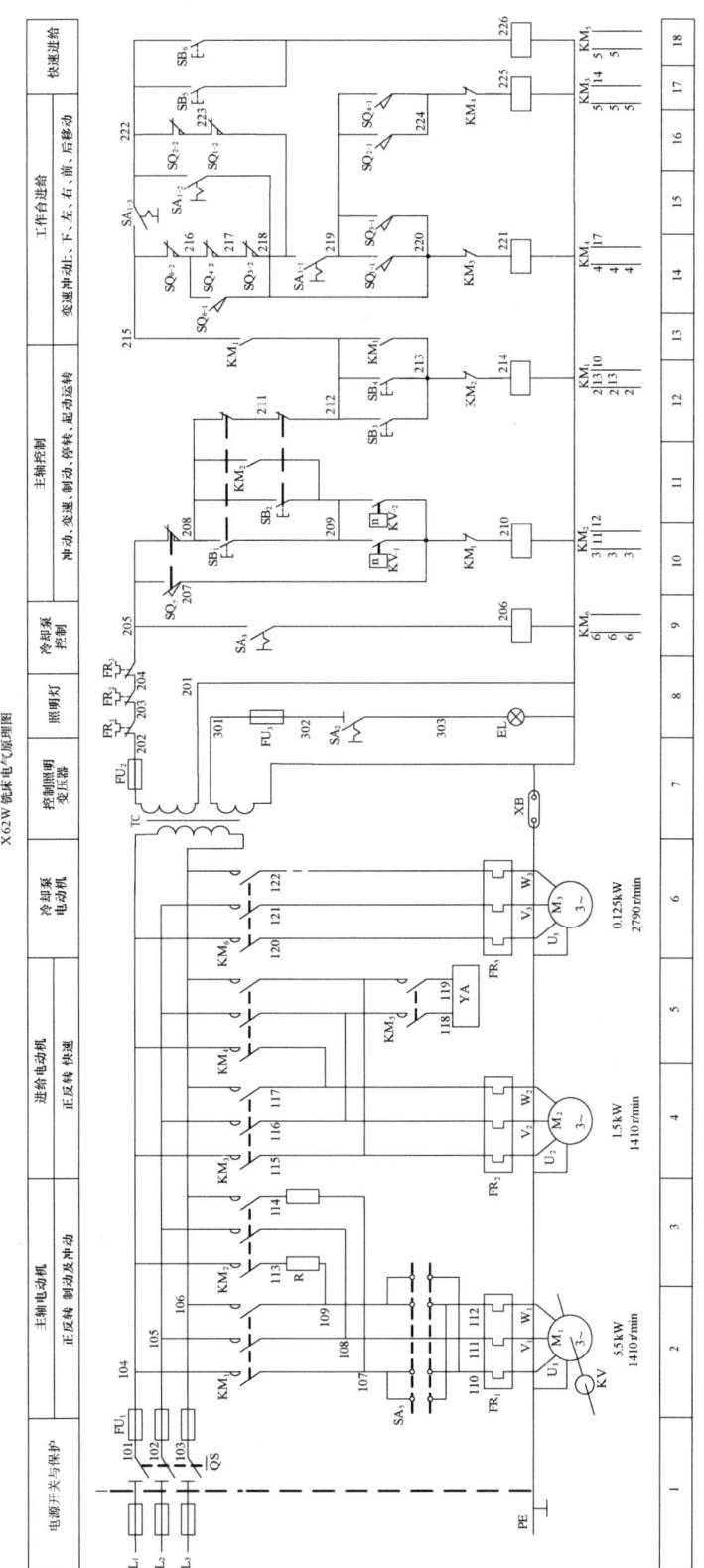

图 6-8 X62W 万能铣床电气原理图

⑤M_1启动后,速度继电器KV的一副常开触点闭合,为主轴电动机的停转制动作好准备。

⑥停车时,按停止按钮SB_1或SB_2切断KM_1电路,接通KM_2电路,改变M_1的电源相序进行串电阻反接制动。当M_1的转速低于120r/min时,速度继电器KV的一副常开触点恢复断开,切断KM_2电路,M_1停转,制动结束。

据以上分析可写出主轴电机转动(即按SB_3或SB_4)时控制线路的通路:205-208-211-212-213-214-KM_1线圈-201;主轴停止与反接制动(即按SB_1或SB_2)时的通路:205-208-209-207-210-KM_2线圈-201。

⑦主轴电动机变速时的瞬动(冲动)控制,是利用变速手柄与冲动行程开关SQ_7通过机械上联动机构进行控制的。

变速时,先下压变速手柄,然后拉到前面,当快要落到第二道槽时,转动变速盘,选择需要的转速。此时凸轮压下弹簧杆,使冲动行程SQ_7的常闭触点先断开,切断KM_1线圈的电路,电动机M_1断电;同时SQ_7的常开触点后接通,KM_2线圈得电动作,M_1被反接制动。当手柄拉到第二道槽时,SQ_7不受凸轮控制而复位,M_1停转。接着把手柄从第二道槽推回原始位置时,凸轮又瞬时压动行程开关SQ_7,使M_1反向瞬时冲动一下,以利于变速后的齿轮啮合。

图6-9是主轴变速冲动控制示意图,但要注意,无论是开车还是停车时,都应以较快的速度把手柄推回原始位置,以免通电时间过长,引起M_1转速过高而打坏齿轮。

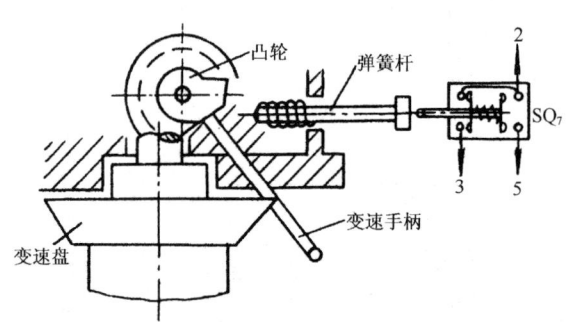

图6-9 主轴变速冲动控制示意图

2)工作台进给电动机的控制,工作台的纵向、横向和垂直运动都由进给电动机M_2驱动,接触器KM_3和KM_4使M_2实现正反转,用以改变进给运动方向。它的控制电路采用了与纵向运动机械操作手柄联动的行程开关SQ_1、SQ_2和横向及垂直运动机械操作手柄联动的行程开关SQ_3、SQ_4组成复合联锁控制。即在选择三种运动形式的六个方向移动时,只能进行其中一个方向的移动,以确保操作安全,当这两个机械操作手柄都在中间位置时,各行程开关都处于未压的原始状态。

由原理图可知:M_2电机在主轴电机M_1起动后才能进行工作。在机床接通电源后,将控制圆工作台的组合开关SA_{1-2}(222-220)扳到断开状态,使触点SA_{1-1}(215-222)和SA_{1-3}(218-219)闭合,然后按下SB_3或SB_4,这时接触器KM_1吸合,使KM_1(212-215)闭合,就可进行工作台的进给控制。

①工作台纵向（左右）运动的控制：工作台的纵向运动由进给电动机 M_2 驱动，由纵向操纵手柄来控制。此手柄是复式的，一个安装在工作台底座的顶面中央部位，另一个安装在工作台底座的左下方。手柄有三个：向左、向右、零位。当手柄扳到向右或向左运动方向时，手柄的联动机构压下行程 SQ_2 或 SQ_1，使接触器 KM_4 或 KM_3 动作，控制进给电动机 M_2 的转向。工作台左右运动的行程，可通过调整安装在工作台两端的撞铁位置来实现。当工作台纵向运动到极限位置时，撞铁撞动纵向操纵手柄，使它回到零位，M_2 停转，工作台停止运动，从而实现了纵向终端保护。

工作台向左运动：在 M_1 启动后，将纵向操作手柄扳至向右位置，一方面机械接通纵向离合器，同时在电气上压下 SQ_2，使 SQ_{2-2} 断，SQ_{2-1} 通，而其他控制进给运动的行程开关都处于原始位置，此时使 KM_4 吸合，M2 反转，工作台向右进给运动。其控制电路的通路为：215－216－217－218－219－224－225－KM_4 线圈－201，工作台向右运动：当纵向操纵手柄扳至向左位置时，机械上仍然接通纵向进给离合器，但却压动了行程开关 SQ_1，使 SQ_{1-2} 断，SQ_{1-1} 通，使 KM_3 吸合，M2 正转，工作台向右进给运动，其通路为：215－216－217－218－219－220－221－KM_3 线圈－201。

②工作台垂直（上下）和横向（前后）运动的控制：工作台的垂直和横向运动，由垂直和横向进给手柄操纵。此手柄也是复式的，有两个完全相同的手柄分别装在工作台左侧的前、后方。手柄的联动机械一方面压下行程开关 SQ_3 或 SQ_4，同时能接通垂直或横向进给离合器。操纵手柄有五个位置（上、下、前、后、中间），五个位置是联锁的，工作台的上下和前后的终端保护是利用装在床身导轨旁与工作台座上的撞铁，将操纵十字手柄撞到中间位置，使 M_2 断电停转。

工作台向后（或者向上）运动的控制：将十字操纵手柄扳至向后（或者向上）位置时，机械上接通横向进给（或者垂直进给）离合器，同时压下 SQ_3，使 SQ_{3-2} 断，SQ_{3-1} 通，使 KM_3 吸合，M_2 正转，工作台向后（或者向上）运动。

其通路为：215－222－223－218－219－220－221－KM_3 线圈－201；工作台向后（或者向上）运动的控制：将十字操纵手柄扳至向前（或者向下）位置时，机械上接通横向进给（或者垂直进给）离合器，同时压下 SQ_4，使 SQ_{4-2} 断，SQ_{4-1} 通，使 KM_4 吸合，M_2 反转，工作台向前（或者向下）运动，其通路为：215－222－223－218－219－224－225－KM_4 线圈－201。

③进给电动机变速时的瞬动（冲动）控制：变速时，为使齿轮易于啮合，进给变速与主轴变速一样，设有变速冲动环节。当需要进行进给变速时，应将转速盘的蘑菇形手轮向外拉出并转动转速盘，把所需进给量的标尺数字对准箭头，然后再把蘑菇形手轮用力向外拉到极限位置并随即推向原位，就在一次操纵手轮的同时，其连杆机构二次瞬时压下行程开关 SQ_6，使 KM_3 瞬时吸合，M_2 作正向瞬动。

其通路为：215－222－223－218－217－216－220－221－KM_3 线圈 201，由于进给变速瞬时冲动的通电回路要经过 SQ_1－SQ_4 四个行程开关的常闭触点，因此只有当进给运动的操作手柄都在中间（停止）位置时，才能实现进给变速冲动控制，以保证操作时的安全。同时，与主轴变速时冲动控制一样，电动机的通电时间不能太长，以防止转速过高，在变速时打坏齿轮。

④工作台的快速进给控制：为提高劳动生产率，要求铣床在不作铣切加工时，工作台能快速移动。

工作台快速进给也是由进给电动机 M_2 来驱动的，在纵向、横向和垂直三种运动形式六个方向上都可以实现快速进给控制。

主轴电动机启动后，将进给操纵手柄扳到所需位置，工作台按照选定的速度和方向作常速进给移动时，再按下快速进给按钮 SB_5（或 SB_6），使接触器 KM_5 通电吸合，接通牵引电磁铁 YA，电磁铁通过杠杆使摩擦离合器合上，减少中间传动装置，使工作台按运动方向作快速进给运动。当松开快速进给按钮时，电磁铁 YA 断电，摩擦离合器断开，快速进给运动停止，工作台仍按原常速进给时的速度继续运动。

3）圆工作台运动的控制：铣床如需铣切螺旋槽、弧形槽等曲线时，可在工作台上安装圆形工作台及其传动机械，圆形工作台的回转运动也是由进给电动机 M_2 传动机构驱动的。

圆工作台工作时，应先将进给操作手柄都扳到中间（停止）位置，然后将圆工作台组合开关 SA_1 扳到圆工作台接通位置。此时 SA_{1-1} 断，SA_{1-3} 断，SA_{1-2} 通。准备就绪后，按下主轴启动按钮 SB_3 或 SB_4，则接触器 KM_1 与 KM_3 相继吸合。主轴电机 M_1 与进给电机 M_2 相继启动并运转，而进给电动机仅以正转方向带动圆工作台作定向回转运动。其通路为：215 – 216 – 217 – 218 – 223 – 222 – 220 – 221 – KM_3 线圈 – 201，由上可知，圆工作台与工作台进给有互锁，即当圆工作台工作时，不允许工作台在纵向、横向、垂直方向上有任何运动。若误操作而扳动进给运动操纵手柄（即压下 SQ_1 – SQ_4、SQ_6 中任一个），M_2 即停转。

知识链接3　X62W 万能铣床电气控制线路的检修

1. 实训目的
（1）熟悉 X62W 万能铣床的电气原理图。
（2）熟悉 X62W 万能铣床的电器元件及作用、安装位置。
（3）掌握 X62W 万能铣床的电器控制电路常见故障的检修。
2. 实训器材
（1）电工常用工具和仪表一套。
（2）X62W 万能铣床或模拟铣床（4～8 人一组）。
（三）故障分析与维修

表 6–4　　　　　　　　　　X62W 万能铣床的常见故障与分析

故障现象	原因	故障点	检查方法
主轴电动机 M_1 不能启动	断路	转换开关 SA_3 SB_5、SB_6 SB_1、SB_2	正反转触头接触是否良好 验电笔检查是否断路 验电笔检查是否能闭合
冷却泵电动机 M_3 不能启动（含有响声）	断路、缺相	FR_2、QS_2	验电笔 QS_2 能否闭合，FR_2、QS_2 是否缺相

续表

故障现象	原因	故障点	检查方法
进给电动机 M_2 不能启动	断路	SA_{2-1}、SQ_{5-2}、SQ_{6-2}、SA_{2-3}、SQ_{3-1}（或 SQ_{4-1}）	验电笔查是否构成通路
		SQ_{2-2}、SQ_{3-2}、SQ_{4-2}、SQ_{5-1}（或 SQ_{6-1}）	同上
M_1、M_2、M_3 全不能启动	主电路断路	电源	查 FU_1 是否熔断（查明原因后更换）停电
	控制电路断电	变压器 TC 或 FU_6	查 TC 是否断路 查 FU_6 是否断路（查明原因后更换）
圆形工作台不能启动	断路	SA_{2-2} 及与其串联的原件	用验电笔查回路标号 10～15 及 17～20 各元件是否断路
点动变速控制失灵	断路，挡块与位置开关不匹配	SQ_2 及机械挡块	用验电笔查 SQ_{2-2} 是否分断，SQ_{2-1} 是否闭合。如是，调整挡块位置
工作台快速移动失灵	离合器电路断或 SB_3 或 SB_4 断路	SB_3 或 SB_4；10 区 KM_2 常开头 YC_3	用验电笔查有关元件是否构成通路
照明灯亮，控制电路不能启动	控制电路断，可能有短路点	KM_1、KM_2、KM_3、KM_4 线圈	用万用表测 KM_1、KM_2、KM_3、KM_4 线圈电阻是否正常 用兆欧表串管导线是否漏电，查明原因，换熔丝

任务四　T68 卧式镗床电路的控制

知识链接 1　T68 卧式镗床结构

（一）型号

T68 卧式镗床各符号的意义：

T—表示镗床

6—表示卧式

8—表示表示镗轴直径为 800mm

（二）机械结构与性能

镗床是冷加工中使用比较普遍的设备，主要用于钻孔、镗孔、铰孔及加工端面等，用来加工精确的孔和孔间相互位置精度要求较高的零件，还可以完成端面、内圆、外圆的切削。主轴电动机共有 18 挡不同的转速。镗床分为卧式镗床、坐标镗床两种，其中卧式镗床使用最多。

1. 机床的主要结构及运动形式

（1）主要结构　主要由床身、工作台、前立柱、主轴箱、镗头架、镗轴、后立柱、尾架等组成，如图 6－10 所示。

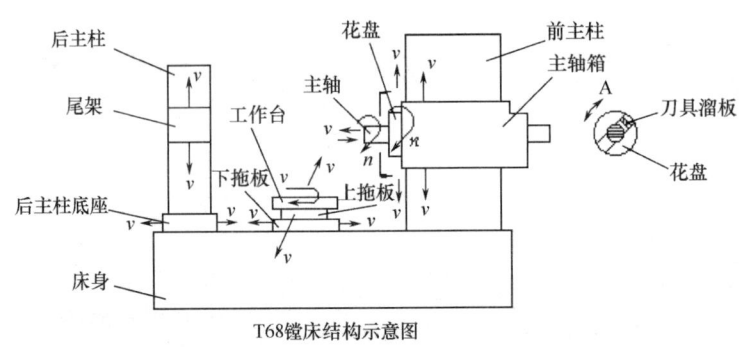

图 6－10　T68 卧式镗床结构图

（2）运动形式（在上图中用箭头表示）

1）主运动：镗杆（主轴）旋转或平旋盘（花盘）旋转。

2）进给运动：主轴轴向（进、出）移动、主轴箱（镗头架）的垂直（上、下）移动、花盘刀具溜板的径向移动、工作台的纵向（前、后）和横向（左、右）移动。

3）辅助运动：有工作台的旋转运动、后立柱的水平移动和尾架垂直移动。

主体运动和各种常速进给由主轴电机 M_1 驱动，但各部分的快速进给运动由快速进给电机 M_2 驱动。

2. 电气控制线路的特点

（1）因机床主轴调速范围较大，且恒功率，主轴与进给电动机 M_1 采用 △/YY 双速电机。低速时，116、117、118 接三相交流电源，119、120、121 悬空，定子绕组接成三角形，每相绕组中两个线圈串联，形成的磁极对数 $P=2$；高速时，116、117、118 短接，119、120、121 端接电源，电动机定子绕组联结成双星形（YY），每相绕组中的两个线圈并联，磁极对数 $P=1$。高、低速的变换，由主轴孔盘变速机构内的行程开关 SQ 控制，其动作说明见表 6－5。

表 6－5　　　　　　　主电动机高、低速变换行程开关动作说明

触点	位置	主电动机低速	主电动机高速
SQ（211~213）		关	开

（2）主电动机 M_1 可正、反转连续运行，也可点动控制，点动时为低速。主轴要求快速准确制动，故采用反接制动，控制电器采用速度继电器。为限制主电动机的起动和制动电流，在点动和制动时，定子绕组串入电阻 R。

（3）主电动机低速时直接起动。高速运行是由低速起动延时后再自动转成高速运行的，以减小起动电流。

（4）在主轴变速或进给变速时，主电动机需要缓慢转动，以保证变速齿轮进入良好啮合状态。主轴和进给变速均可在运行中进行，变速操作时，主电动机便作低速断续冲动，

变速完成后又恢复运行。主轴变速时，电动机的缓慢转动是由行程开关 SQ_3 和 SQ_5，进给变速时是由行程开关 SQ_4 和 SQ_6 以及速度继电器 KV 共同完成的，见表 6-6。

表 6-6　　　　　　　　　　　主轴变速和进给变速时行程开关动作说明

触点 位置	变速孔盘拉出（变速时）	变速后变速孔盘推回	触点 位置	变速孔盘拉出（变速时）	变速后变速孔盘推回
SQ_3（205~210）	-	+	SQ_4（210~211）	-	+
SQ_3（204~214）	+	-	SQ_4（204~214）	+	-
SQ_5（216~215）	+	-	SQ_6（216~215）	+	-

注：表中"+"表示接通；"-"表示断开。

知识链接 2　T68 卧式镗床电气控制原理

机床电气控制线路见图 6-11。电气原理图由主电路、控制电路和照明电路三部分组成。

1. 主电动机的起动控制

（1）主电动机的点动控制　主电动机的点动有正向点动和反向点动，分别由按钮 SB_4 和 SB_5 控制。按 SB_4 接触器 KM_1 线圈通电吸合，KM_1 的辅助常开触点（204~214）闭合，使接触器 KM_4 线圈通电吸合，三相电源经 KM_1 的主触点，电阻 R 和 KM_4 的主触点接通主电动机 M_1 的定子绕组，接法为三角形，使电动机在低速下正向旋转。松开 SB_4 主电动机断电停止。

反向点动与正向点动控制过程相似，由按钮 SB_5、接触器 KM_2、KM_4 来实现。

（2）主电动机的正、反转控制　当要求主电动机正向低速旋转时，行程开关 SQ 的触点（211~213）处于断开位置，主轴变速和进给变速用行程开关 SQ_3（205~210）、SQ_4（210~211）均为闭合状态。按 SB_2，中间继电器 KA_1 线圈通电吸合，它有三对常开触点，KA_1 常开触点（205~206）闭合自锁；KA_1 常开触点（212~203）闭合，接触器 KM_3 线圈通电吸合，KM_3 主触点闭合，电阻 R 短接；KA_1 常开触点（218~215）闭合和 KM_3 的辅助常开触点（205~218）闭合，使接触器 KM_1 线圈通电吸合，并将 KM_1 线圈自锁。KM_1 的辅助常开触点（204~214）闭合，接通主电动机低速用接触器 KM_4 线圈，使其通电吸合。由于接触器 KM_1、KM_3、KM_4 的主触点均闭合，故主电动机在全电压、定子绕组三角形联结下直接起动，低速运行。

当要求主电动机为高速旋转时，行程开关 SQ 的触点（211~213）、SQ_3（205~210）、SQ_4（210、211）均处于闭合状态。按 SB_2 后，一方面 KA_1、KM_3、KM_1、KM_4 的线圈相继通电吸合，使主电动机在低速下直接起动；另一方面由于 SQ（211~213）的闭合，使时间继电器 KT（通电延时式）线圈通电吸合，经延时后，KT 的通电延时断开的常闭触点（214~221）断开，KM_4 线圈断电，主电动机的定子绕组脱离三相电源，而 KT 的通电延时闭合的常开触点（214~223）闭合，使接触器 KM_5 线圈通电吸合，KM_5 的主触点闭合，将主电动机的定子绕组接成双星形后，重新接到三相电源，故从低速起动转为高速旋转。

主电动机的反向低速或高速的起动旋转过程与正向起动旋转过程相似，但是反向起动

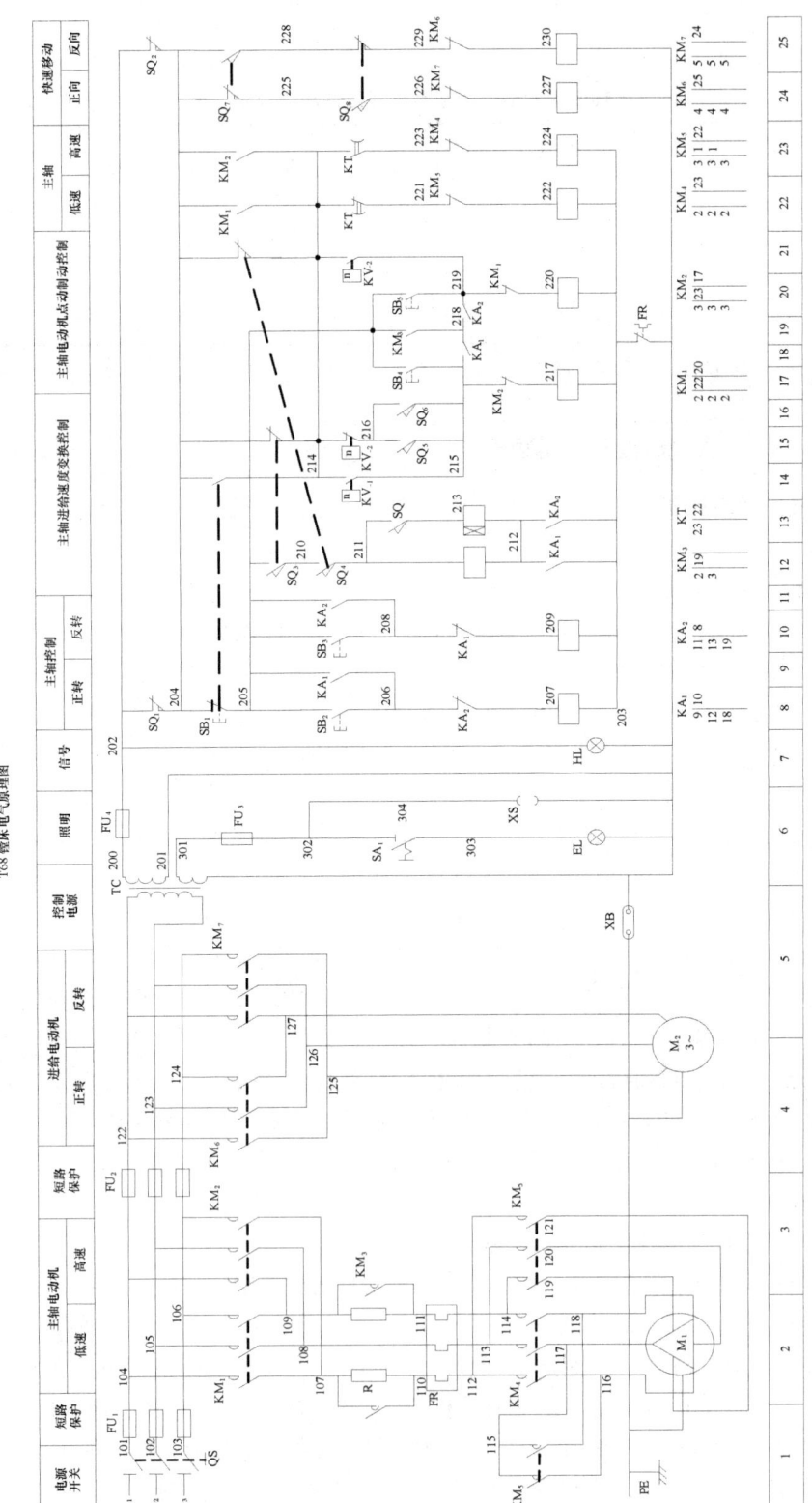

图 6-11 T68 镗床电气原理图

旋转所用的电器为按钮 SB_3、中间继电器 KA_2，接触器 KM_3、KM_2、KM_4、KM_5、时间继电器 KT。

2. 主电动机的反接制动的控制

当主电动机正转时，速度继电器 KV 正转，常开触点 KV（214～219）闭合，而正转的常闭触点 KS（214～216）断开。主电动机反转时，KS 反转，常开触点 KS（214、215）闭合，为主电动机正转或反转停止时的反接制动做准备。按停止按钮 SB_1 后，主电动机的电源反接，迅速制动，转速降至速度继电器的复位转速时，其常开触点断开，自动切断三相电源，主电动机停转。具体的反接制动过程如下所述：

（1）主电动机正转时的反接制动　设主电动机为低速正转时，电器 KA_1、KM_1、KM_3、KM_4 的线圈通电吸合，KV 的常开触点 KV（214～219）闭合。按 SB_1，SB_1 的常闭触点（204、205）先断开，使 KA_1、KM_3 线圈断电，KA_1 的常开触点（218～215）断开，又使 KM_1 线圈断电，一方面使 KM_1 的主触点断开，主电动机脱离三相电源；另一方面使 KM_1（204～214）分断，使 KM_4 断电；SB_1 的常开触点（204～214）随后闭合，使 KM_4 重新吸合，此时主电动机由于惯性转速还很高，KV（214～219）仍闭合，故使 KM_2 线圈通电吸合并自锁，KM_2 的主触点闭合，使三相电源反接后经电阻 R、KM_4 的主触点接到主电动机定子绕组，进行反接制动。当转速接近零时，KV 正转常开触点 KV（214～219）断开，KM_2 线圈断电，反接制动完毕。

（2）主电动机反转时的反接制动　反转时的制动过程与正转制动过程相似，但是所用的电器是 KM_1、KM_4、KV 的反转常开触点 KV（214、215）。

（3）主电动机工作在高速正转及高速反转时的反接制动过程可仿上自行分析。在此仅指明，高速正转时反接制动所用的电器是 KM_2、KM_4、KS（214～219）触点；高速反转时反接制动所用的电器是 KM_1、KM_4、KS（214、215）触点。

3. 主轴或进给变速时主电动机的缓慢转动控制

主轴或进给变速既可以在停车时进行，又可以在镗床运行中变速。为使变速齿轮更好地啮合，可接通主电动机的缓慢转动控制电路。

当主轴变速时，将变速孔盘拉出，行程开关 SQ_3 常开触点 SQ_3（205～210）断开，接触器 KM_3 线圈断电，主电路中接入电阻 R，KM_3 的辅助常开触点（205～218）断开，使 KM_1 线圈断电，主电动机脱离三相电源。所以，该机床可以在运行中变速，主电动机能自动停止。旋转变速孔盘，选好所需的转速后，将孔盘推入。在此过程中，若滑移齿轮的齿和固定齿轮的齿发生顶撞时，则孔盘不能推回原位，行程开关 SQ_3、SQ_5 的常闭触点 SQ_3（204～214）、SQ_5（216、215）闭合，接触器 KM_1、KM_4 线圈通电吸合，主电动机经电阻 R 在低速下正向起动，接通瞬时点动电路。主电动机转动转速达某一转时，速度继电器 KV 正转常闭触点 KV（214～216）断开，接触器 KM_1 线圈断电，而 KS 正转常开触点 KV（214～219）闭合，使 KM_2 线圈通电吸合，主电动机反接制动。当转速降到 KV 的复位转速后，则 KV 常闭触点 KV（214～216）又闭合，常开触点 KV（214～219）又断开，重复上述过程。这种间歇的起动、制动使主电动机缓慢旋转，以利于齿轮的啮合。若孔盘退回原位，则 SQ_3、SQ_5 的常闭触点 SQ_3（204～214）、SQ_5（216、215）断开，切断缓慢转动电路。SQ_3 的常开触点 SQ_3（205～210）闭合，使 KM_3 线圈通电吸合，其常开触点（205～218）闭合，又使 KM_1 线圈通电吸合，主电动机在新的转速下重新起动。

进给变速时的缓慢转动控制过程与主轴变速相同,不同的是使用的电器是行程开关 SQ_4、SQ_6。

4. 主轴箱、工作台或主轴的快速移动

该机床各部件的快速移动,是由快速手柄操纵快速移动电动机 M_2 拖动完成的。当快速手柄扳向正向快速位置时,行程开关 SQ_8 被压动,接触器 KM_6 线圈通电吸合,快速移动电动机 M_2 正转。同理,当快速手柄扳向反向快速位置时,行程开关 SQ_7 被压动,KM_7 线圈通电吸合,M_2 反转。

5. 主轴进刀与工作台联锁

为防止镗床或刀具的损坏,主轴箱和工作台的机动进给,在控制电路中必须互联锁,不能同时接通,由行程开关 SQ_1、SQ_2 实现。若同时有两种进给时,SQ_1、SQ_2 均被压动,切断控制电路的电源,避免机床或刀具的损坏。

知识链接 3 T68 卧式镗床电气控制线路的检修

(一)实习目的

1. 熟悉卧式镗床电气控制电路(电气元件的位置、功能等)
2. 掌握卧式镗床电气控制电路的维修

(二)实习器材

1. 卧式镗床电器元件,如表 6-7 所示。

表 6-7 T68 卧式镗床电器元件

代号	名称	型号	规格	数量	作用
M_1	三相双速异步电机	JDO2-52-4/2	5.2/7kW,380V,1440/2900r/min	1	主轴旋转及进给
M_2	三相异步电动机	JO2-32-4	3kW,380V,6.47A,1430r/min	1	进给快速移动
QS_1	转换开关	HZ2-60/3	60A3 相	1	电源总开关
FU_1	熔断器	RL1-60	熔体 40A	3	电源短路保护
FU_2	熔断器	RL1-15	熔体 15A	3	M_2 短路保护
FU_4	熔断器	RL1-15	熔体 2A	1	控制电路短路保护
FU_3	熔断器	RL1-15	熔体 2A	1	照明电路短路保护
KM_1	交流接触器	CJ0-40		1	主轴正转
KM_2	交流接触器	CJ0-40		1	主轴反转
KM_3	交流接触器	CJ0-20		1	主轴制动
KM_4	交流接触器	CJ0-40	110V,40A	1	主轴低速
KM_5	交流接触器	CJ0-40	110V,40A	2	主轴高速
KM_6	交流接触器	CJ0-40	110V,40A	1	M_2 正转快速
KM_7	交流接触器	CJ0-20	110V,20A	1	M_2 反转快速
FR	热继电器	CB0-40	14.5A	1	M_1 过载保护
KA_1	中间继电器	JZ7-44	110V,5A	1	接通主轴正转

续表

代号	名称	型号	规格	数量	作用
KA_2	中间继电器	JZ7-44	110V,5A	1	接通主轴反转
KT	时间继电器	JS7-2	110V	1	主轴高速延时
KS	速度继电器	JY-1		1	主轴反接制动
R	电阻	ZB1-09	0.9Ω	1	主轴电机反接制动
TC	变压器	BK-300	300VA,380/110 36、6.3V	1	控制和照明两用
EL	照明灯具	JC6-2		1	低压照明
HL	信号指示灯	DK-1-10	6.3V,2W、绿色灯罩	1	电源接通指示
SB_1	按钮	LA2		1	主轴停止
SB_2	按钮	LA2	500V,5A	1	主轴正转起动
SB_3	按钮	LA2		1	主轴反转起动
SB_4	按钮	LA2	500V,5A	1	主轴反转点动
SB_5	按钮	LA2		1	主轴反转点动
SQ	限位开关	LX5-11		1	接通高速
SQ_1	限位开关	LX1-11J		1	主轴进刀与工作台移动联锁
SQ_2	限位开关	LX3-11K		1	主轴进刀与工作台移动联锁
SQ_3	限位开关	LX1-11K		1	进给速度变换
SQ_4	限位开关	LX1-11K	500V,6A	1	主轴速度变换
SQ_5	限位开关	LX1-11K		1	进给速度变换
SQ_6	限位开关	LX1-11K		1	主轴速度变换
SQ_7	限位开关	LX3-11K		1	快速移动正转
SQ_8	限位开关	LX3-11K		1	快速移动反转
XS	插座			1	工作照明

2. 电工常用工具
3. T68 卧式镗床或 T68 卧式镗床模拟控制电路,4～8 人一组

（三）故障维修

在老师的指导下完成表 6-8 所示的 T68 卧式镗床的常见故障与维修。

表 6-8　　　　　　　　T68 卧式镗床的常见故障与分析

故障现象	原因	故 障 点	检查方法
主轴电动机和有低速无高速	高速控制电路断路	KT 时间继电器,SB_1 常开、KM_4 常闭等	查 SQ 是否闭合,KT 线圈是否得电,KT 常开触头是否闭合,KM_4 常闭触头是否闭合

续表

故障现象	原因	故障点	检查方法
主轴电动机低速不能起动	KA_1 或 KM_1、KM_3 线圈不得电，存在断路	FU_4 或回路标号 4~9 或位置开关 SQ_3、SQ_4 没能压合	若灯亮，则 FU_4 没断，用验电笔查标号 4~9 有否断路，若无，查 17 区 KM_1 支路有否断路
M_1 不能反接制动	反接制动电路不能接通	20、21 区的 KS_2、KM_1 及 KM_2 线圈	反接制动时，用验电笔查左列元件是否构成通路

任务五　Z3040 钻床电路的控制

知识链接1　Z3040 钻床结构

（一）型号

Z3040 钻床各符号的意义：

Z—表示钻床

30—表示摇臂钻床

40—最大钻孔直径为 40mm

（二）机械结构与运动形式

1. 结构

Z3040 钻床的主要结构如图 6-12 所示，主要由底座、内立柱、外立柱、摇臂、主轴箱、主轴、工作台等组成。

2. 运动形式

主运动：主轴带动钻头的旋转运动。

进给运动：钻头的上下运动。

辅助运动：摇臂可沿外立柱的圆柱面上下垂直调整位置；主轴箱可沿摇臂的导轨横向调整位置；摇臂及外立柱绕内立柱转动至不同的位置；工作时可以很方便地调整主轴的位置（工件不动）。后两者为手动，另外还需考虑主轴箱、摇臂、内外立柱的夹紧和松开。

由于钻床的运动部件多，故采用多电动机拖动，主运动和进给运动共用一台电动机拖动，通过机械变速机构调节主轴转速和进刀量。主轴正反转是通过液压油缸推动正反转摩擦离合器进行控制的。主轴箱、摇臂、内外立柱的夹紧动作采用液压传动菱形块夹紧机构。夹紧

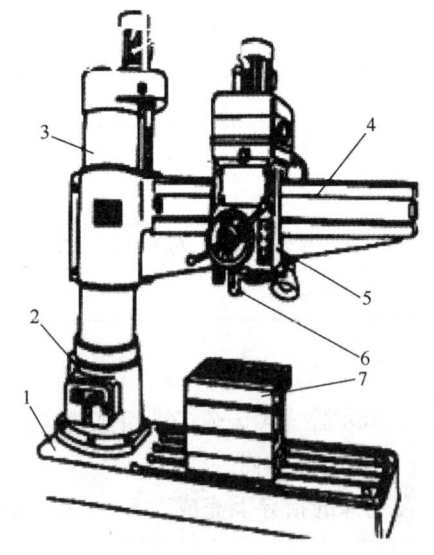

图 6-12　Z3040 型钻床的主要结构
1—底座　2—内立柱　3—外立柱　4—摇臂
5—主轴箱　6—主轴　7—工作台

用高压油由 0.6kW 电动机带动液压泵供给。摇臂的升降由一台 1.1kW 电动机拖动。冷却泵由一台 0.125kW 电动机拖动。

知识链接 2　Z3040 钻床电气控制原理

如图 6-13 所示。

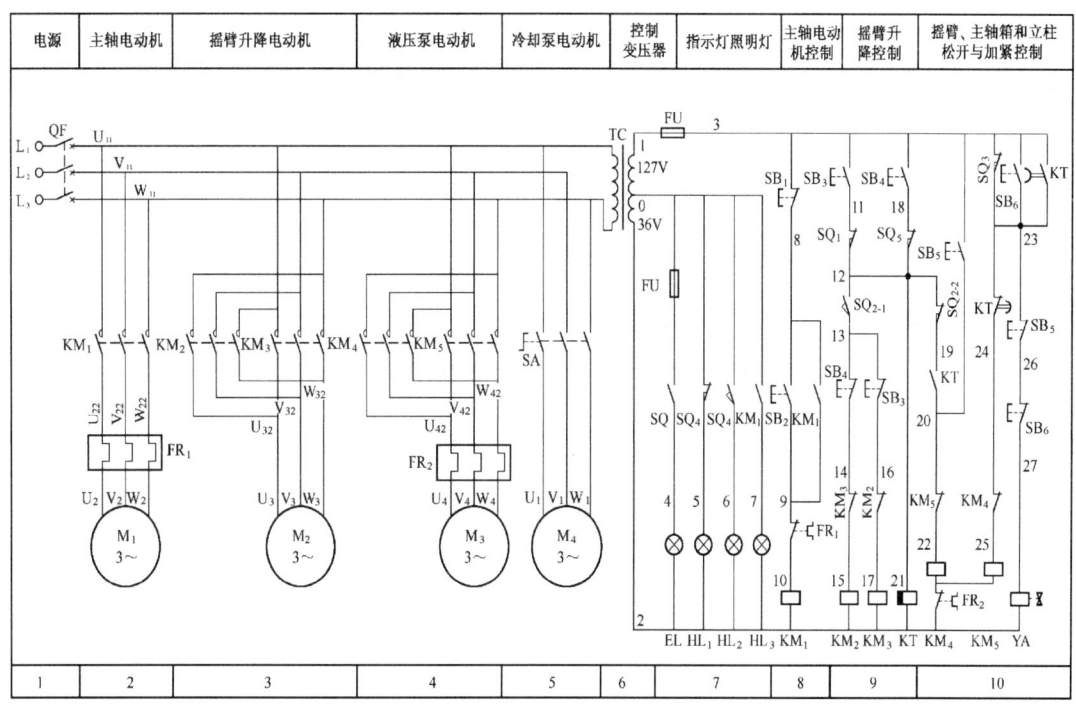

图 6-13　钻床电气原理图

（一）主电路分析

（1）主电路电源电压为交流 380V，自动空气开关 QF 作为电源引入开关。

（2）M_1 是主轴电动机，由接触器 KM_1 控制，只要求单方向旋转，主轴的正反转由机械手柄操作。热继电器 FR_1 是过载保护元件，短路保护电器是总电源开关中的电磁脱扣装置。

（3）M_2 是摇臂升降电动机，用接触器 KM_2 和 KM_3 控制正反转。因为该电动机属于短时工作制，故不设过载保护电器。

（4）M_3 是液压泵电动机，可以做正反转运行，其运转和停止由接触器 KM_4 和 KM_5 控制。热继电器 FR_2 是液压泵电动机的过载保护电器。该电动机的主要作用是供给夹紧装置压力油，实现摇臂和立柱的夹紧和松开。

（5）M_4 是冷却泵电动机，功率很小，由开关 SA 控制。

（二）控制电路分析

（1）主轴电动机 M_1 的控制　合上电源开关 QF，按下起动按钮 SB_2，接触器 KM_1 线圈得电并自锁，主轴电动机 M_1 起动，同时支路中的主轴电动机运转指示灯 HL_3 亮，表示主轴电动机正常运行。按下停止按钮 SB_1，KM_1 线圈失电，其触点断开，M_1 停转，同时指示灯 HL_3 熄灭。

（2）摇臂的升降控制　由摇臂上升按钮 SB_3、下降按钮 SB_4 及正反转接触器 KM_2、KM_3 组成具有双重互锁的电动机正反转点动控制电路。摇臂的移动必须先将摇臂松开，再移动，移动到位后摇臂自动夹紧。因此，摇臂移动过程是对液压泵电动机 M_3 和摇臂升降电动机 M_2 按一定程序进行自动控制的过程，其上升工作流程如图 6-14 所示。摇臂升降控制必须与夹紧机构液压系统紧密配合，由正反转接触器 KM_4、KM_5 控制双向液压泵电动机 M_3 的正反转，送出压力油，经二位六通阀送至摇臂夹紧机构实现夹紧与松开。

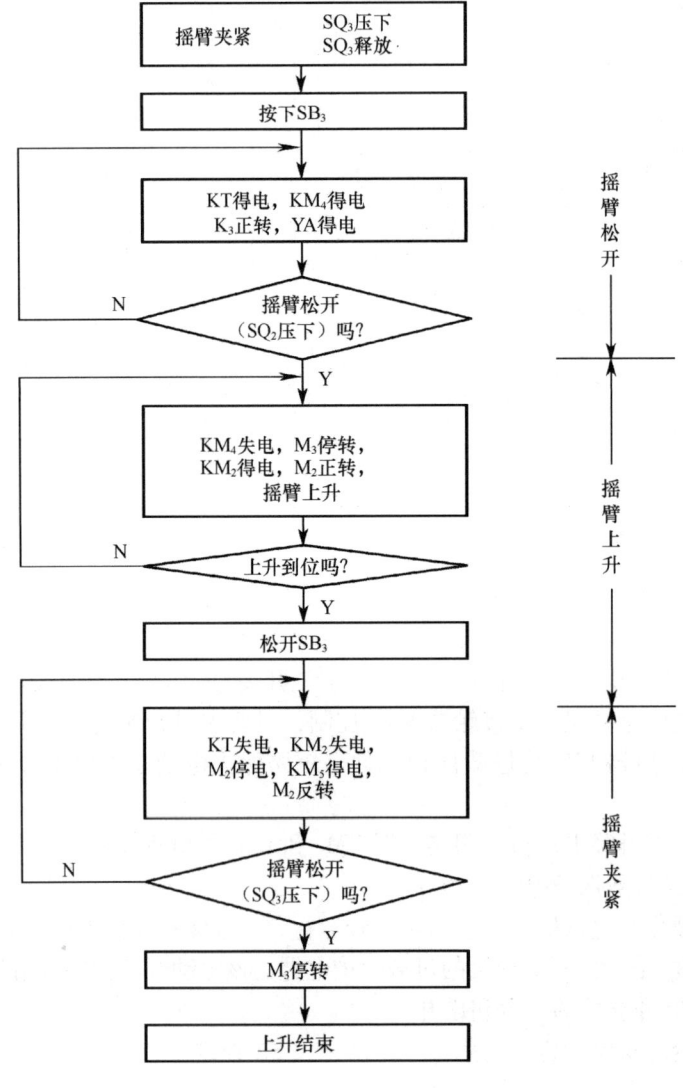

图 6-14　工作流程图

(3) 摇臂上升的电流通路

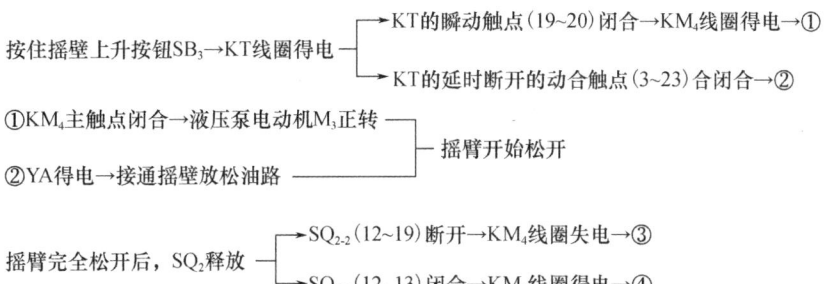

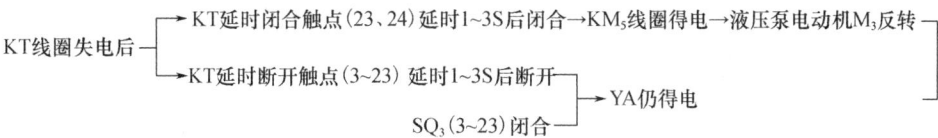

③ 液压泵电动机M_3停转,液压泵停止供油

④ 摇臂升降电动机M_2正转→摇臂上升

当摇臂上升到所需位置时,松开SB_3→KM_2和KT线圈失电→其主触点和动合触点

断开→摇臂升降电动机M_2停止旋转→摇臂停止上升

→摇臂开始夹紧→完全夹紧后,SQ_2释放,SQ_3动作→SQ_3(3~23)触点断开→

KM_5线圈失电 ──┬── 液压泵电动机M_3停转
　　　　　　　　└── YA失电复位

(4) 主轴箱和立柱的放松和夹紧控制　主轴箱与立柱的放松和夹紧是同时进行的,其控制电路是正反转点动控制电路。利用主轴箱和立柱的放松、夹紧,还可以检查电源相序正确与否,以确保摇臂升降电动机M_2的正反转接线正确。

1) 主轴箱、立柱的松开。按下松开按钮SB_5,KM_4线圈得电,液压泵电动机M_3正转(此时电磁阀YA失电),拖动液压泵,液压油进入主轴箱、立柱的松开油腔,推动活塞,使主轴箱、立柱松开。此时,SQ_4不受压,动断触点SQ_4闭合,松开指示灯HL_1亮。

2) 主轴箱、立柱的夹紧。到达需要位置后,按下夹紧按钮SB_6,KM_5线圈得电,液压泵电动机M_3反转(此时电磁阀YA失电),拖动液压泵,液压油进入主轴箱、立柱的夹紧油腔,使主轴箱、立柱夹紧。同时,SQ_4受压,其动断触点断开,动合触点闭合,夹紧指示灯HL_2亮,表示可以进行钻削加工。

(5) 保护环节、照明及冷却泵电动机的控制

1) 保护环节。低压断路器QF对主电路进行短路保护;热继电器FR_1对主轴电动机进行过载保护;热继电器FR_2对液压泵电动机M_3进行过载保护。摇臂的上升限位和下降限位分别通过行程开关SQ_1和SQ_5实现。

2) 照明电路。照明由开关SQ控制照明灯EL来实现。

3) 冷却泵电动机的控制。冷却泵电动机M_4的容量很小,由开关SA控制。

知识链接3 Z3040钻床电气控制线路的检修

1. 实训目的

(1) 熟悉Z3040钻床的电气原理图。

(2) 熟悉Z3040钻床的电器元件及作用、安装位置。

(3) 掌握Z3040钻床的电器控制电路常见故障的检修。

2. 实训器材

(1) 电工常用工具和仪表一套。

(2) Z3040钻床或模拟钻床（4~8人一组）。

3. 故障分析与维修

表6-9　　　　　　　　　　Z3040钻床的常见故障与分析

故障现象	故障原因及检查方法	
主轴电动机 M_1 不能启动	电源总开关 QF 接触不良	调整或更换 QF
	控制按钮 SB_1 或 SB_2 接触不良	调整或更换
	接触器线圈 KM_1 线圈断线或触点接触不良	重接或更换
摇臂不能升降	行程开关 SQ_2 的位置移动，使摇臂松开后没有压下 SQ_2	配合机械、液压调整好后紧固 SQ_2
	液压泵电动机 M_3 的电源相序接反	检验电源相序
	控制按钮 SB_3 或 SB_4 接触不良	调整或更换
	接触器 KM_2、KM_3 线圈断线或触点接触不良	重接或更换
摇臂升降后不能夹紧	行程开关 SQ_3 的安装位置不当	调整位置
	液压泵电动机 M_3 在摇臂还未充分夹紧时就停止了旋转	重新调整 SQ_3 的动作距离
立柱、主轴箱不能夹紧或松开	触器 KM_4 或 KM_5 不能吸合	查回路
	油路堵塞	检修油路

项目七 基于PLC控制的各种电机线路设计及接线排故

> **项目目标**
> 掌握三相异步电动机起保停PLC的设计
> 掌握三相异步电动机正反停PLC的设计
> 掌握三相异步电动机降压启动PLC设计
> 掌握三相异步电动机顺序启动PLC设计

【知识目标】

掌握PLC基本指令及功能指令的应用。

【技能目标】

掌握三相异步电动机各种基本电路的PLC设计及接线调试。

任务一 电动机起保停控制线路的PLC设计

知识链接1 PLC接线图及梯形图（图7-1）

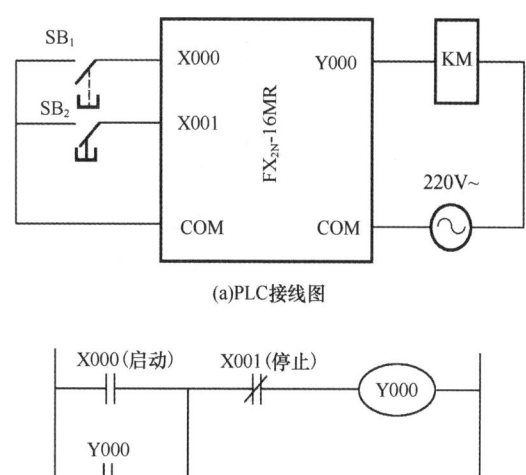

(a)PLC接线图

(b)单向运转控制梯形图

图7-1

知识链接2　相关知识（图7-2）

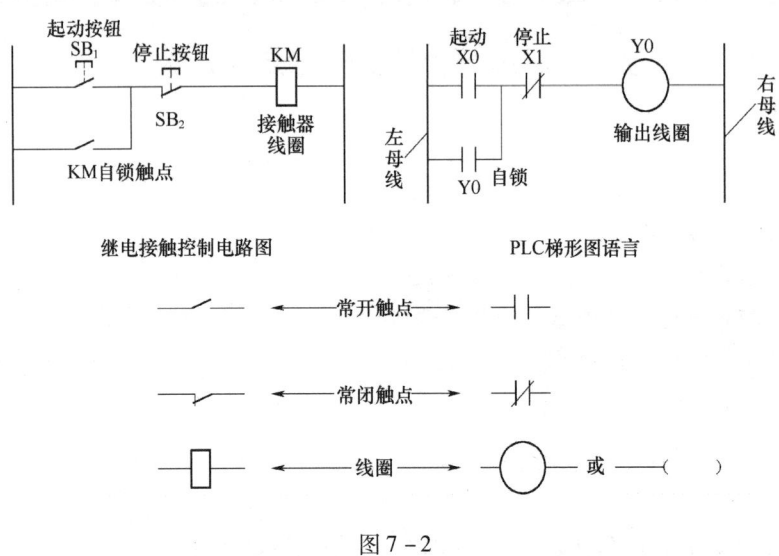

图7-2

任务二　电动机正反转控制线路的PLC设计

知识链接1　PLC接线图及梯形图（图7-3）

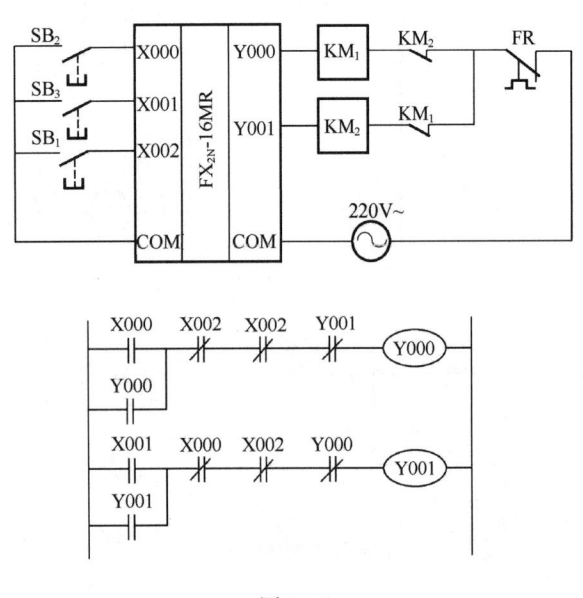

图7-3

知识链接2 电动机循环正反转控制梯形图（图7-4）

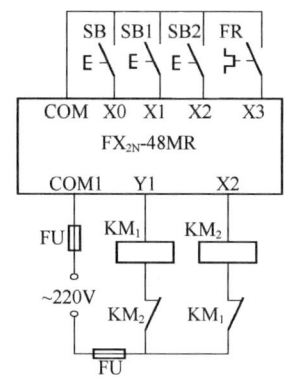

图7-4

任务三 电动机 Y/△形降压启动的 PLC 控制

知识链接1 任务导入

试设计一个 Y-△形启动控制系统，当按下启动按钮 SB_1 时，接触器 KM_1 和 KM_3 得电，电动机接成形启动，5s 后 KM_1 和 KM_2 得电，电动机接成△形运行。当按下停止按钮 SB_2 时，电动机停止。

知识链接2 分配 I/O 地址（图 7-5）

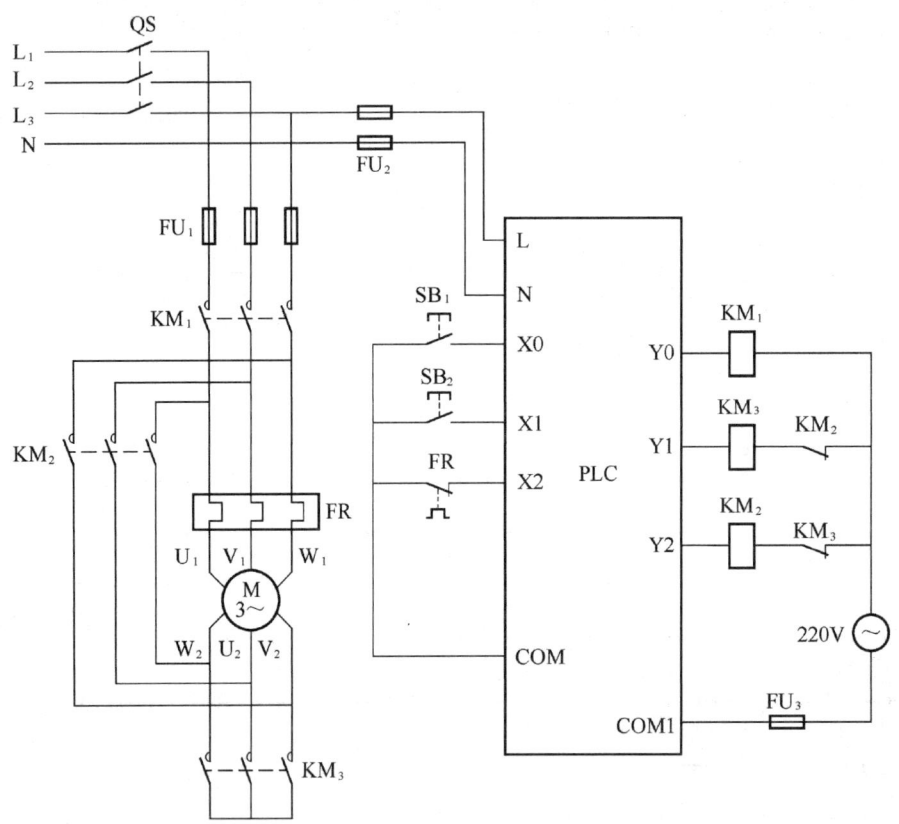

图 7-5

知识链接3　梯形图（图7-6）

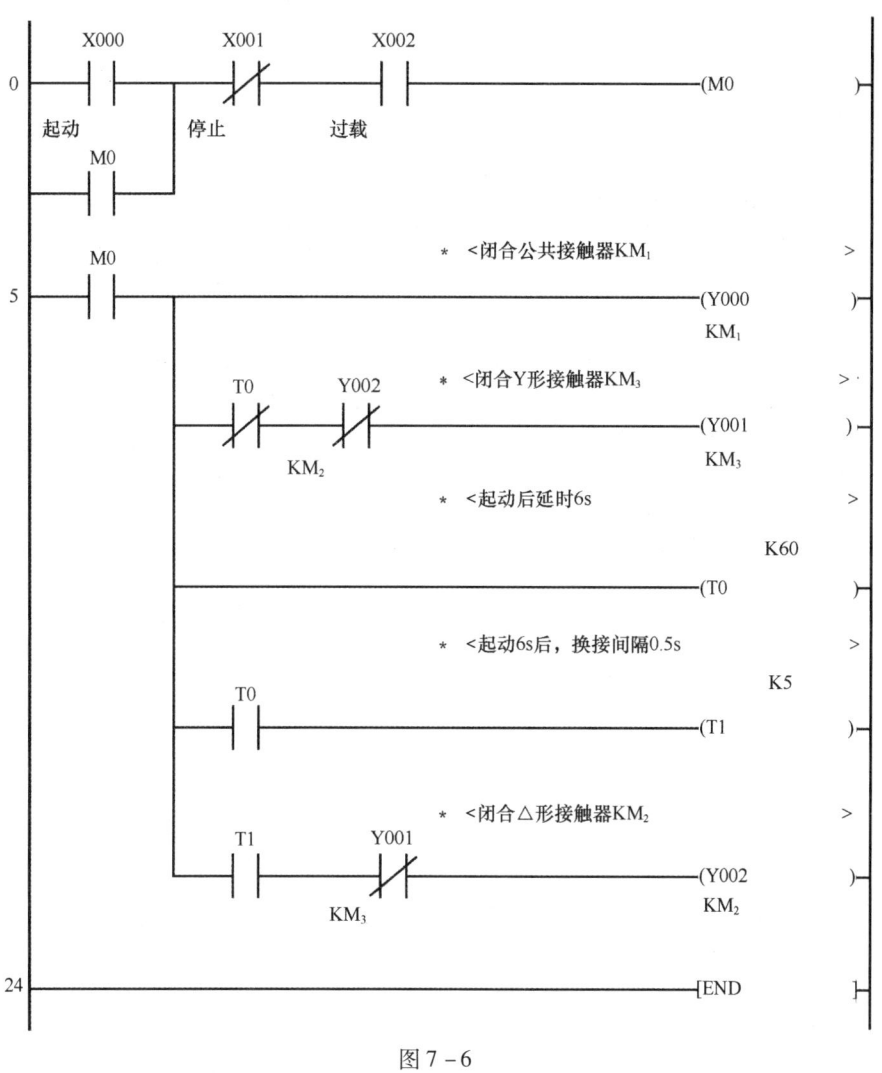

图7-6

任务四　电动机顺序启动的 PLC 设计

知识链接1　任务导入

某台设备有8台电机，为了减小电动机同时启动对电源的影响，利用位移指令实现间隔10s的顺序通电控制。按下停止按钮时，同时停止工作。

知识链接2　相关知识

位左移指令 SFTL

（1）在下图中，S 为源操作数的最低位，D 为被移位的目标操作数的最低位。n1 为目标操作数长度，n2 为指定移位的位数。

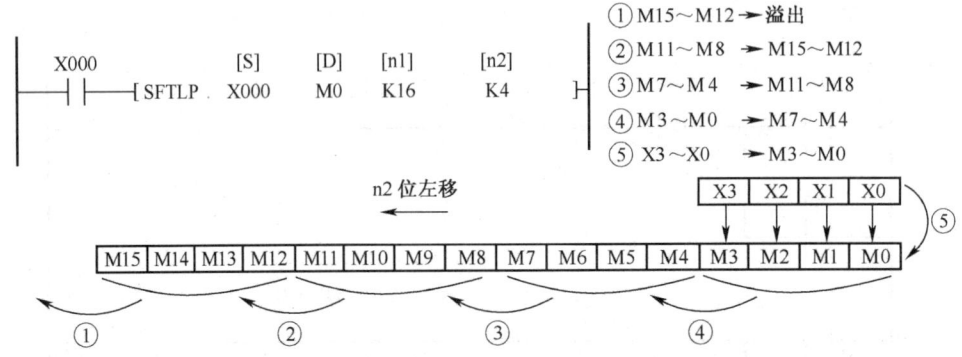

（2）位左移就是源操作数从目标操作数的低位移入 n2 位，目标操作数各位向高位方向移 n2 位，目标操作数中的高 n2 位溢出。源操作数各位状态不变。

（3）在指令的连续执行方式中，每一个扫描周期都会移位一次。在实际控制中，常采用脉冲执行方式。

知识链接3 I/O 分配地址

输入		输出	
输出继电器	作用	输出继电器	控制对象
X0	起动按钮	Y7Y0～	8 个接触器
X1	停止按钮		

知识链接4 梯形图（图7-7）

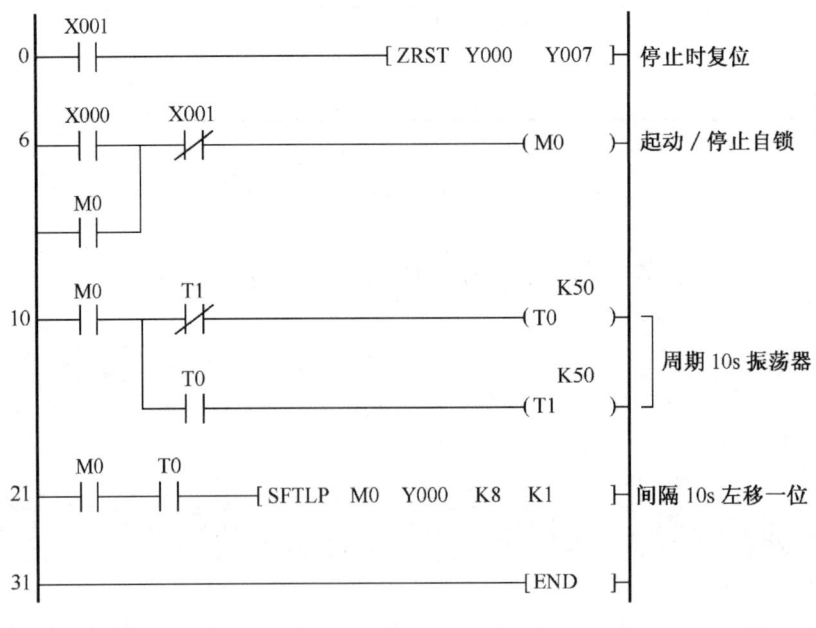

图 7-7

项目八 中级PLC实操训练

> **项目目标**
> 掌握加工中心换刀控制线路的PLC设计
> 掌握机械手的PLC设计
> 掌握运料小车控制线路的PLC设计
> 掌握交通灯控制线路的PLC设计

【知识目标】

掌握PLC基本指令和功能指令在企业实际应用中的使用及编程。

【技能目标】

会进行三菱PLC编程的设计及接线调试。

任务一 加工中心换刀控制线路的PLC设计

企业案例引入

自动换刀系统是数控机床的重要组成部分。刀具夹持元件的结构特性及它与机床主轴的联结方式，将直接影响机床的加工性能。刀库结构形式及刀具交换装置的工作方式，则会影响机床的换刀效率。自动换刀系统本身及相关结构的复杂程度，又会对整机的成本造价产生直接影响。加工程序和PLC程序是数控机床正常运转的软件核心，是连接NC和机床的桥梁，也是机床电气设计人员调试机床的关键。一个完善的PLC程序不仅能使机床正常运行，还要让人看起来一目了然，既为自己调试提供方便，还能帮助维修人员查找故障和分析原因。

首先简单介绍一下刀具交换装置的基本情况，刀库是可正反向旋转的链式刀库、装在刀具交换装置上的机械手用15个步骤将刀库中的刀具交换到主轴，并将主轴刀具还回刀库对应的刀套中。为尽量缩短换刀时间，我们采用刀具预选与零件加工同时进行的方式来压缩换刀时间。机械手动作顺序如下：

步骤1：平移缩回，抓刀库中预选的刀具；
步骤2：拔刀伸出，拔出刀套中的刀具；
步骤3：平移伸出，离开刀库侧抓刀位置；
步骤4：拔刀缩回，机械手缩回；
步骤5：摇臂伸出，摇臂转向主轴侧；
步骤6：平移伸出，抓主轴刀具；
步骤7：拔刀伸出，拔出主轴中的刀具；
步骤8：换刀正转或反转，刀具交换；

步骤9：拔刀缩回，将预选刀具插入主轴；
步骤10：平移缩回，机械手离开主轴；
步骤11：摇臂缩回，摇臂转向刀库侧；
步骤12：拔刀伸出，准备将主轴刀具送回刀库；
步骤13：平移缩回，机械手移向刀库；
步骤14：拔刀缩回，将主轴刀具插入刀库；
步骤15：平移伸出，离开刀库侧抓刀位置；

以上15个步骤可分为如下4个阶段：

第1阶段：抓新刀。T××代码控制刀库按就近方向转动到编程刀具所在的位置，到位且有刀库定位Ⅰ信号后启动机械手，经过步骤1→步骤2→步骤3→步骤4，将编程刀具抓在手上等待换刀。

第2阶段：换刀。M06启动换刀固定循环"TOOL"。"TOOL"控制各坐标移动到换刀位置，并用M90通知PLC启动换刀，PLC用M90信号请求NC"读入禁止"并启动机械手换刀步骤5→步骤6→步骤7→步骤8→步骤9→步骤10→步骤11，同时用步骤5的到位信号控制刀库转到主轴刀号的位置。

第3阶段：还刀。步骤5启动的刀库旋转停止且有刀库定位Ⅰ信号后，启动机械手步骤12→步骤13→步骤14→步骤15，将主轴刀具还到刀库中并将记忆主轴刀号的存储器更新。步骤11完成后，取消"读入禁止"，激活刀具参数，加工程序和机械手还同时进行。

第4阶段：抓预选新刀。在M06的下一段紧跟下道工序要用的刀具号T××，刀库在完成还刀动作后可在零件加工的同时启动机械手步骤1→步骤2→步骤3→步骤4，将下道工序所用的刀具预选抓到机械手上，等待M06启动后面的换刀动作，这样便大大缩短了刀具交换的时间，提高了工作效率。

知识链接1　机械手与调取刀具的工作原理分析

调取当前刀时（图8-1中为1号刀）刀盘不动作。

假设机械手在1号位，调取5号和6号刀时，刀盘顺时针旋转。

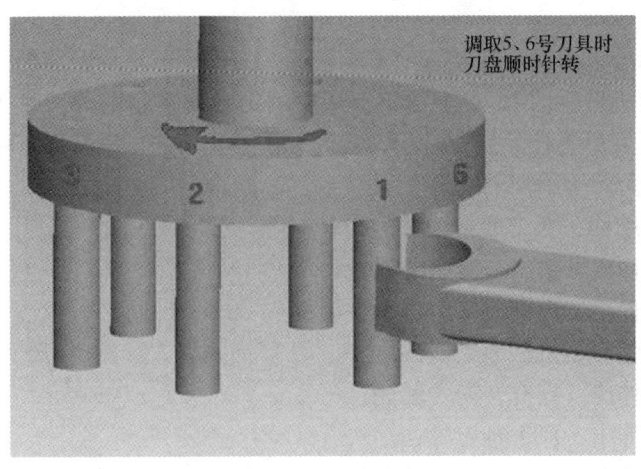

图8-1

假设机械手在1号位，调取2、3、4号刀时，刀盘逆时针旋转（图8-2）。

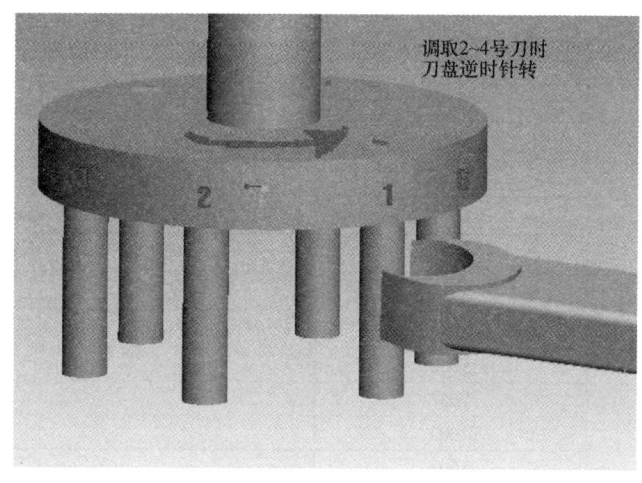

图8-2

假设机械手一直在1号位，本系统的详细工作原理分三种情况考虑：

（1）调取当前当刀号。机械手在1号刀位（X1闭合），D0＝K1，系统调取当前1号刀的刀位号（X10闭合），D1＝K1，两个值相比较，D0＝D1，此时，到位指示灯直接亮起，接着换刀成功指示闪烁，表示换刀完成。

（2）调取2~4号刀，机械手在1号刀位（X1闭合），D0＝K1，系统调取当前2号刀的刀位号（X11闭合），D1＝K2，两个值相比较，D0＜D1，此时，D0要先加K6再减D1（较小数减较大数计算较复杂，所以采用先加上最大数再减），D10再和K3比较，D10≥K3，M10/M11动作，刀盘逆转。

（3）调取5、6号刀，机械手在1号刀位（X1闭合），D0＝K1，系统调取当前5号刀的刀位号（X14闭合），D1＝K5，两个值相比较，D0＜D1，此时，D0要先加K6再减D1（较小数减较大数计算较复杂，所以采用先加上最大数再减），D10再和K3比较，D10＜K3，M12动作，刀盘顺转。

知识链接2 I/O口配置

根据被控对象的I/O信号及所选定的PLC型号，分配PLC的硬件资源，为梯形图的各种继电器或接点进行编号，列出I/O点分配表。一般来说，输入点与输入设备一一对应，输出点与输出设备也一一对应，按系统配置的通道和继电器号，对每一个输入设备和输出设备进行编号，并以表格的形式全部列出来。表8-1为本课程设计的I/O口分配表。

表8-1

节点类型	节点名称	对应按钮	节点作用
输入	X001	SIN_1	机械手位置检测
	X002	SIN_2	机械手位置检测
	X003	SIN_3	机械手位置检测

续表

节点类型	节点名称	对应按钮	节点作用
输入	X004	SIN_4	机械手位置检测
	X005	SIN_5	机械手位置检测
	X006	SIN_6	机械手位置检测
	X010	PO_1	刀具号选择
	X011	PO_2	刀具号选择
	X012	PO_3	刀具号选择
	X013	PO_4	刀具号选择
	X014	PO_5	刀具号选择
	X015	PO_6	刀具号选择
输出	Y000		刀具到位指示
	Y001		换刀闪烁
	Y002		启动
	Y003		刀盘顺/逆转

知识链接3　软件流程图（图8-3）

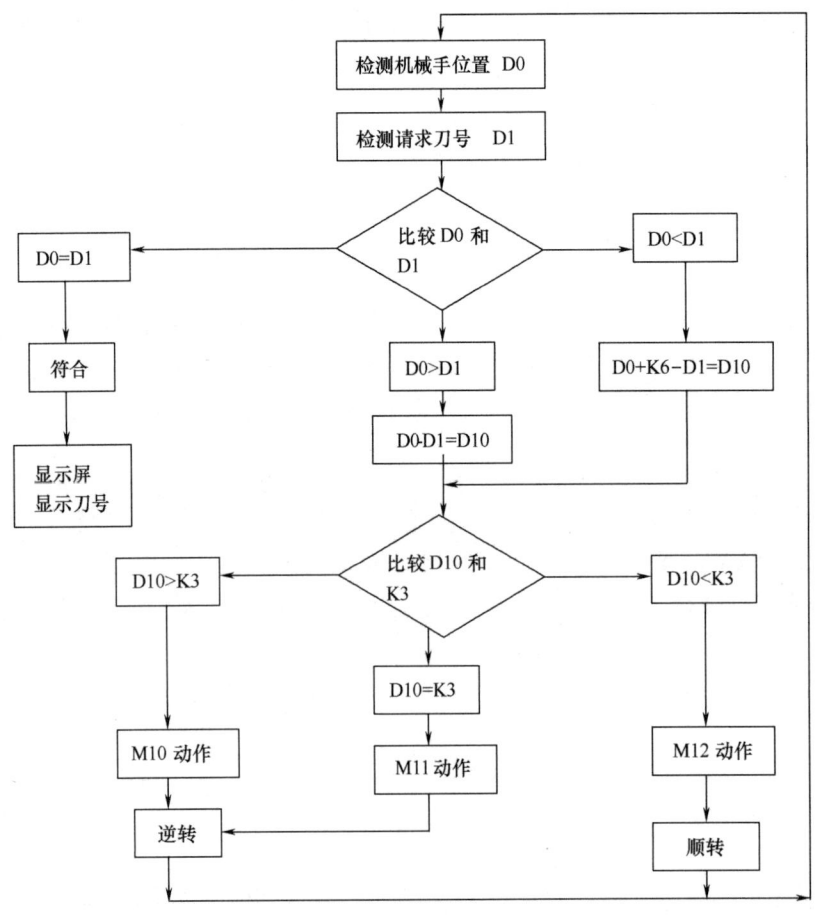

图8-3　软件流程图

知识链接4　梯形图（图8-4）

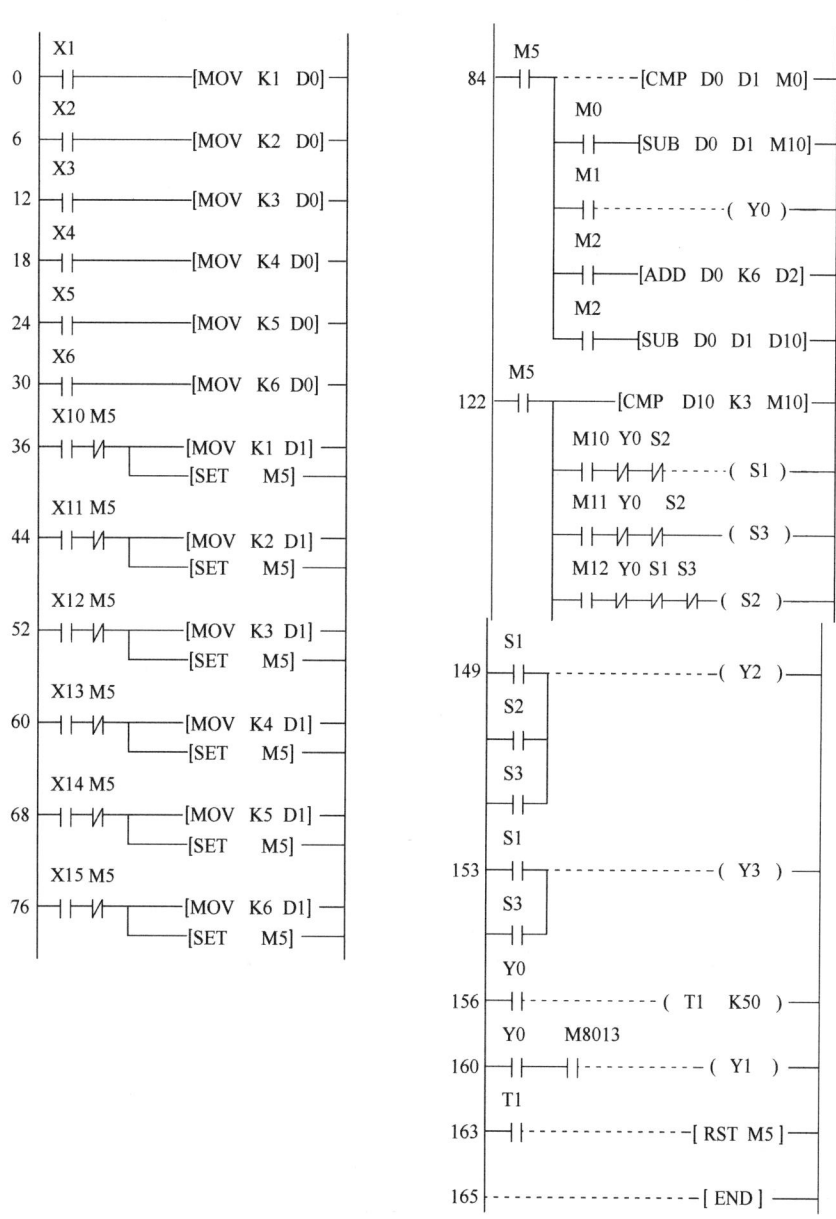

图8-4　梯形图

任务二　机械手的PLC设计

企业案例引入

　　伴随着机电一体化在各个领域的应用，机械设备的自动控制成分显得越来越重要，其中的工业机械手是近代自动控制领域中出现的一项新技术,它的发展由于其积极作用正日益为人们所认识:它能部分地代替人工操作;能按照生产工艺的要求,遵循一定的程序、时间和位置来完成工件的传送和装卸;能制作必要的机具进行焊接和装配从而大大改善工人的劳动条件,显著地提高劳动生产率,加快实现工业生产机械化和自动化的步伐。

控制器采用PLC来控制现场的步进电机。优点是生产安全可靠、提高产品质量及产量、控制环境污染、降低工人劳动强度、提高设备的运转率及劳动生产率。由于PLC有着极大的灵活性,易于模块化,当机械手工艺流程改变时,只要对I/O点的接线稍做修改,程序中做简单补充、修改即可。

知识链接1　机械手工作原理图（图8-5）

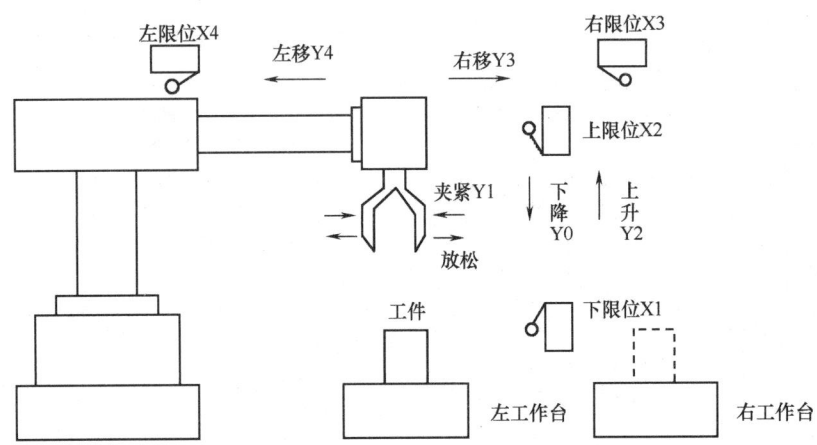

图8-5　机械手动作示意图

知识链接2　I/O分配表（表8-2）

表8-2

输入			输出		
输入继电器	输入元件	作用	输出继电器	输出元件	作用
X0	SB_0	起动按钮	Y0	YV_1	下降电磁阀线圈
X1	SQ_1	下限位开关	Y1	YV_2	紧/松电磁阀线圈
X2	SQ_2	上限位开关	Y2	YV_3	上升电磁阀线圈
X3	SQ_3	右限位开关	Y3	YV_4	右移电磁阀线圈
X4	SQ_4	左限位开关	Y4	YV_5	左移电磁阀线圈
X5	SB_1	停止按钮	Y5	HL	原点指示

知识链接3 I/O接线图（图8-6）

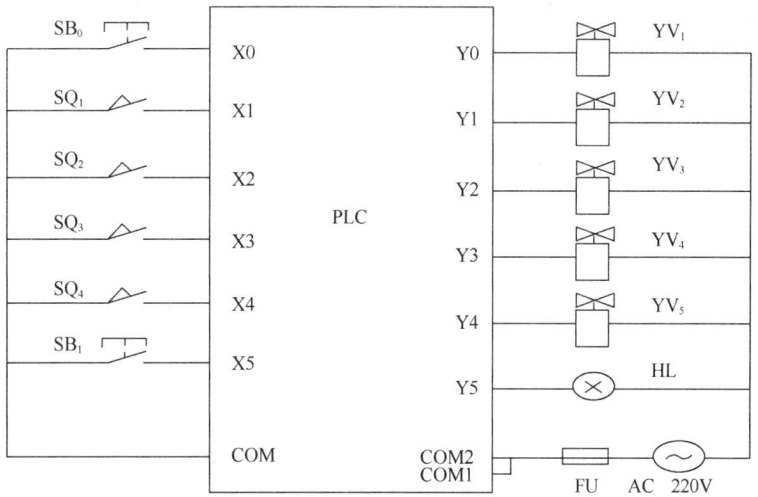

图8-6 I/O接线图

知识链接4 顺序功能图（图8-7）

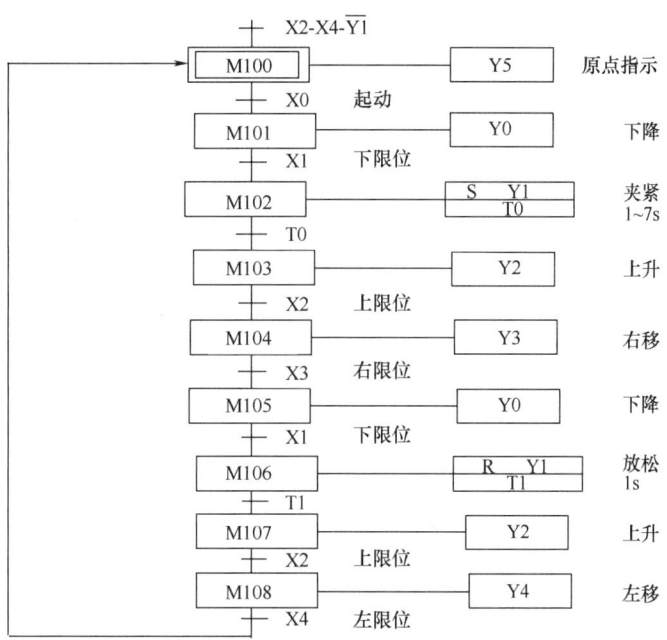

图8-7 顺序功能图

知识链接 5　梯形图（图 8-8）

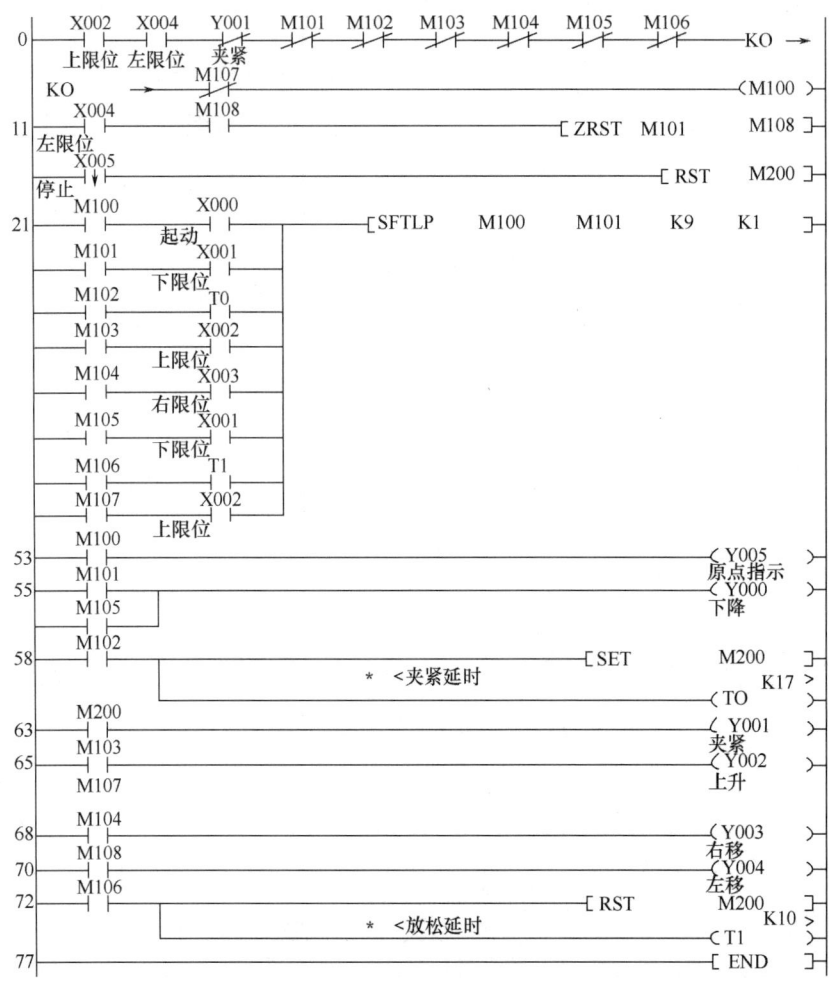

图 8-8　梯形图

任务三　运料小车控制线路的 PLC 设计

企业案例引入

运料小车控制是工厂生产的重要组成部分，它代替了以往的劳动负荷大、需求人力资源多、耗费时间长的运料模式。利用 PLC 控制极大地降低了生产成本，提高了工作效率，给工厂的生产带来了极大的方便。

知识链接 1　机械手工作原理图

送料小车开始时停在右侧限位开关 X1 处，如图 7-9 所示。按下起动按钮 X3，Y2 为

ON,打开料斗的闸门,开始装料,同时定时器 T0 定时,8s 后关闭料斗的闸门,Y2 变为 OFF,Y1 变为 ON,开始左行。碰到限位开关 X2 后停下来卸料,Y1 变为 OFF,Y3 变为 ON,同时定时器 T1 开始定时。10s 后 Y3 变为 OFF,Y0 变为 ON,开始右行,碰到限位开关 X1 后返回初始状态,此时 Y0 变为 OFF,小车停止运行。

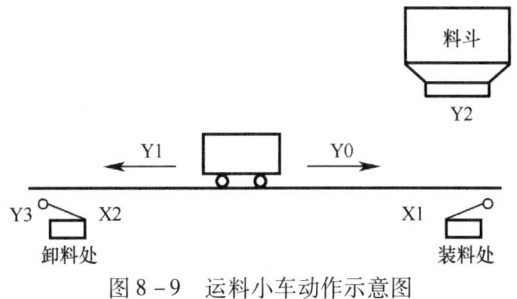

图 8-9 运料小车动作示意图

知识链接 2 I/O 分配表(表 7-2)

表 7-2

输入			输出		
输入继电器	输入元件	作用	输出继电器	输出元件	作用
X1	右限位开关	限位	Y0	右行灯	指示
X2	左限位开关	限位	Y1	左行灯	指示
X3	启动按钮	开始	Y2	装料灯	指示
			Y3	卸料灯	指示

知识链接 3 顺序功能图(图 8-10)

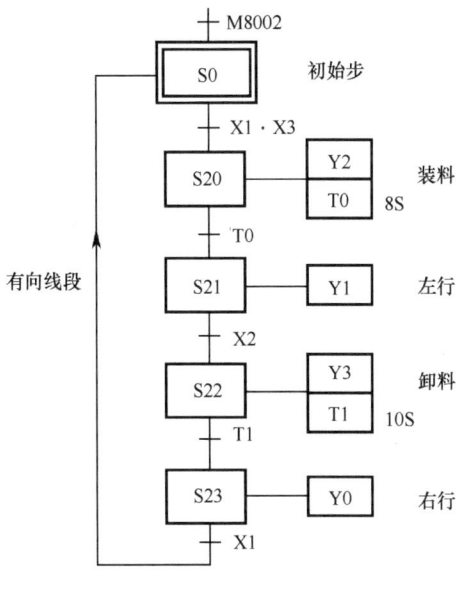

图 8-10 顺序功能图

知识链接 4　梯形图（图 8 - 11）

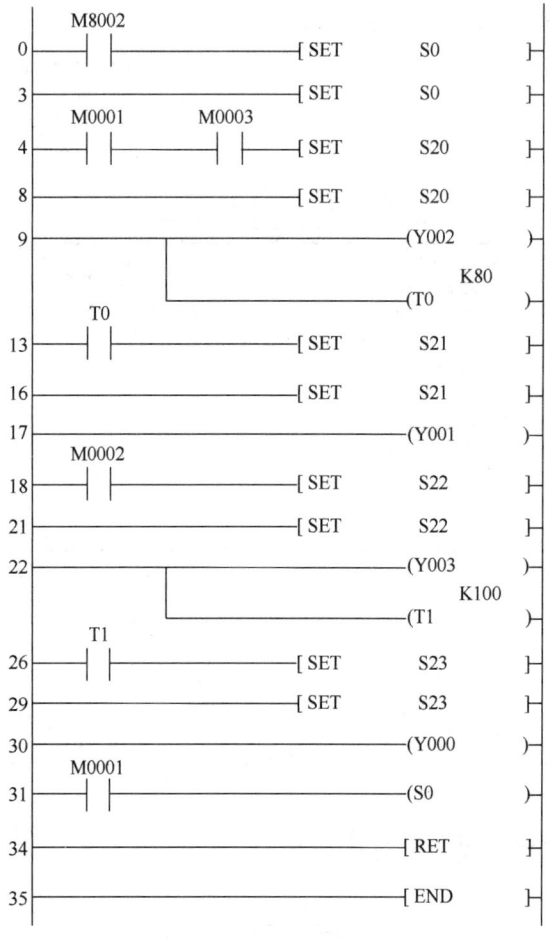

图 8 - 11　梯形图

任务四　交通灯控制线路的 PLC 设计

企业案例引入

信号灯在交通方面被广泛使用，在各个十字路口安装红绿灯，已经成为当今疏导交通车辆及行人最常见和最有效的管理手段，为了使嘈杂的都市更加井然有序，我们利用先进的智能控制系统 PLC，使信号灯更好地为人民服务。

知识链接1　交通灯工作原理及时序图（图8-12）

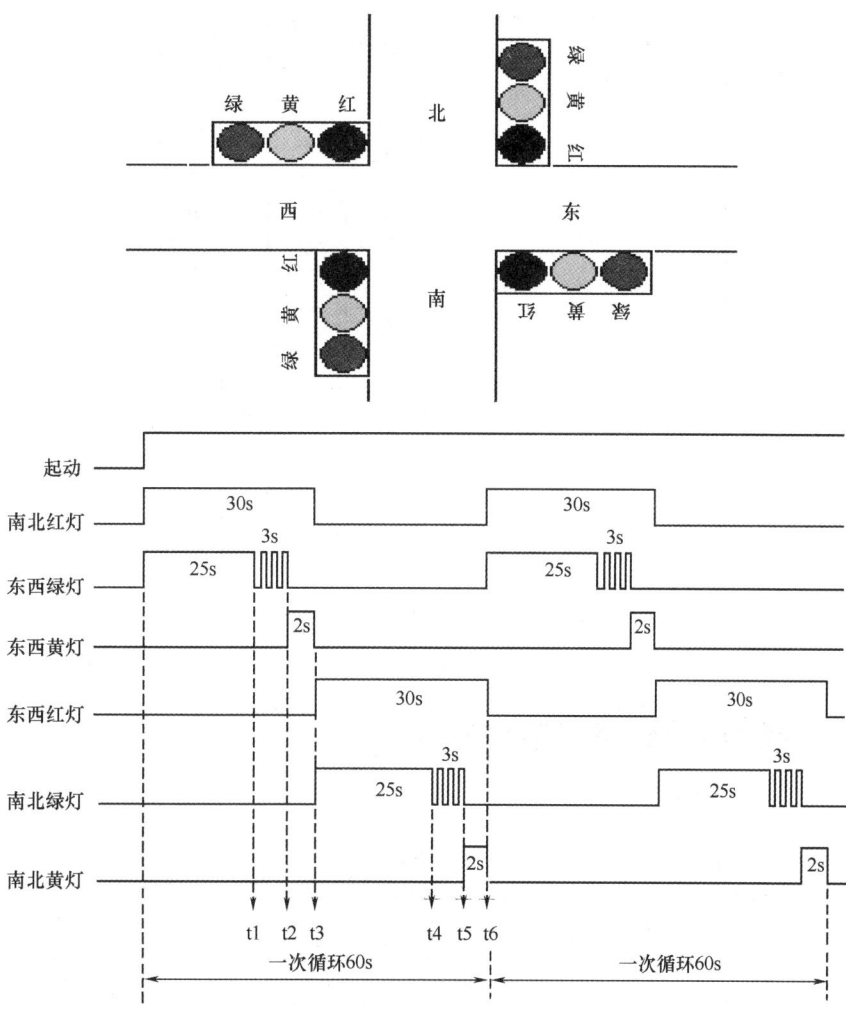

图8-12　交通灯控制时序图

知识链接2　I/O端口分配表（表8-3）

表8-3

输入			输出		
输入继电器	输入元件	作用	输出继电器	输出元件	作用
X0	K	控制开关	Y1	绿灯	东西绿灯指示
			Y2	黄灯	东西黄灯指示
			Y3	红灯	东西红灯指示
			Y4	红灯	南北红灯指示
			Y5	绿灯	南北绿灯指示
			Y6	黄灯	南北黄灯指示

知识链接3　I/O接线图（图8-13）

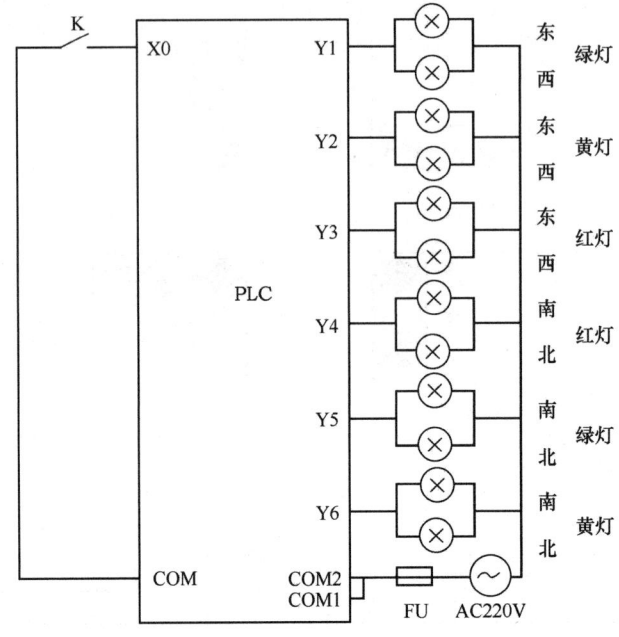

图8-13　交通灯的I/O接线图

知识链接4　梯形图（图8-14～图8-16）

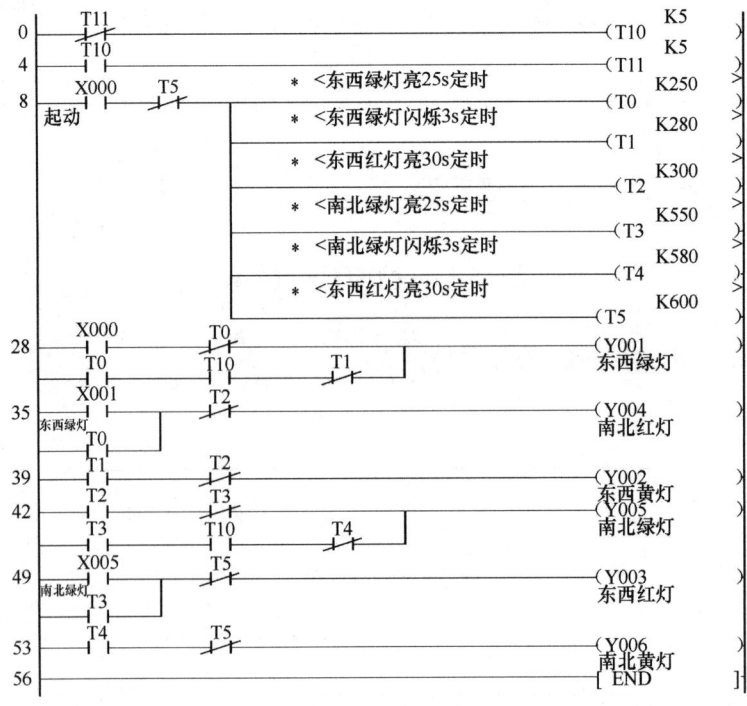

图8-14　基本指令实现的梯形图

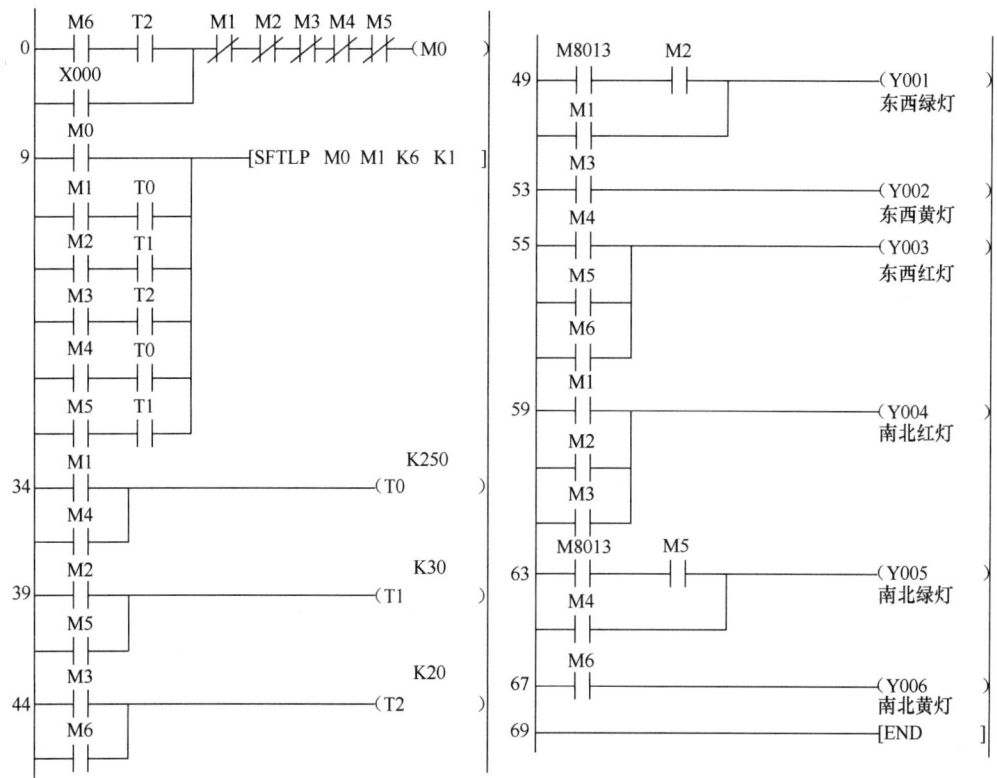

图 8-15 移位指令实现的梯形图

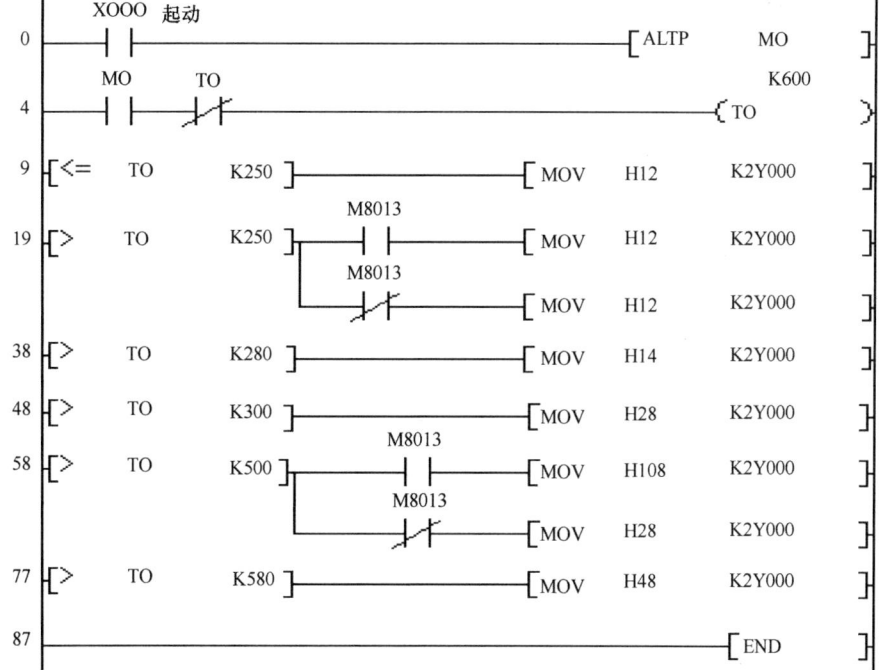

图 8-16 功能指令实现的交通灯控制程序

项目九　常用电子测量仪器的使用

项目目标
　　掌握模拟示波器、数字示波器的使用方法
　　掌握函数信号发生器的使用方法
　　掌握毫伏表的使用方法

【知识目标】
　　了解各种测量仪器基本组成、工作原理及主要技术指标。
【技能目标】
　　掌握各种测量仪器的正确使用方法。

任务一　示波器的使用

知识链接1　示波器的基本结构

　　示波器是电子测量中最常用的一种电子仪器，可以用它来测试和分析时域信号。示波器通常由信号波形示波管（CRT）、电子放大系统、扫描触发系统、电源几部分组成，如图9-1所示。

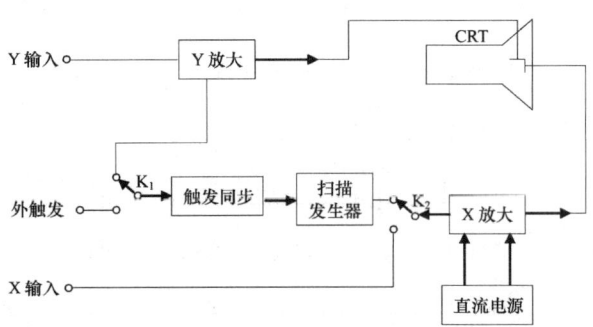

图9-1　示波器基本组成

示波器（CRT）内部结构如图9-2所示。

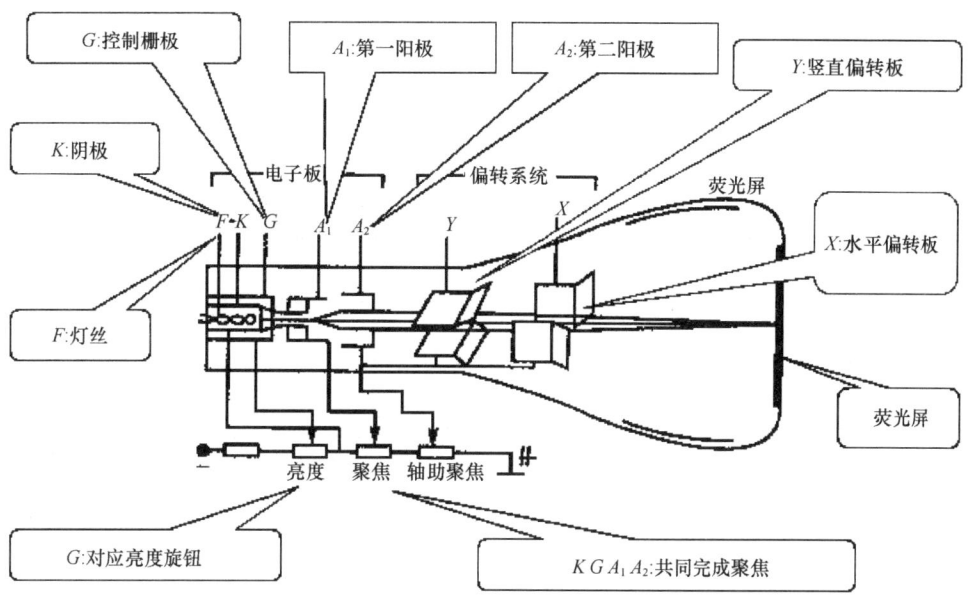

图9-2 示波器内部结构

知识链接2 示波器波形显示原理

示波器波形显示原理如图9-3所示。

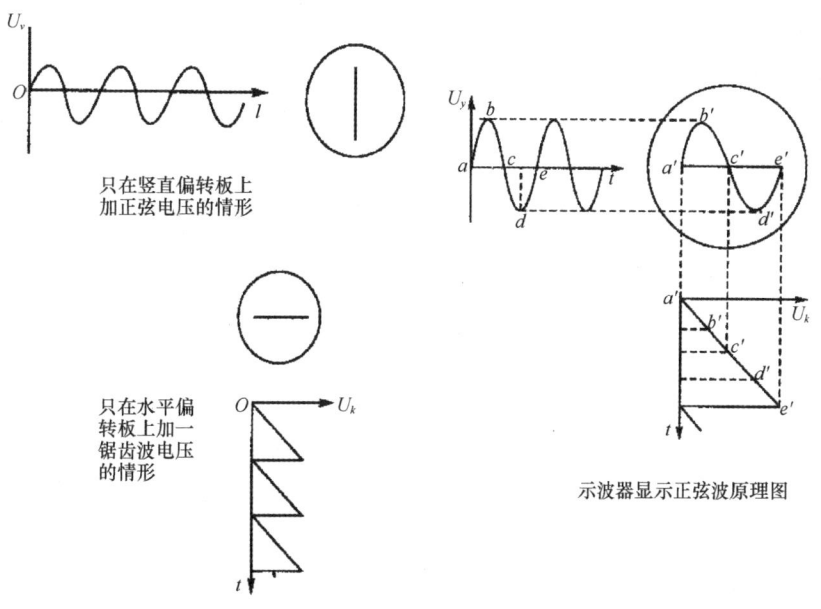

图9-3 示波器波形显示原理

知识链接3　示波器的面板简介（图9-4）

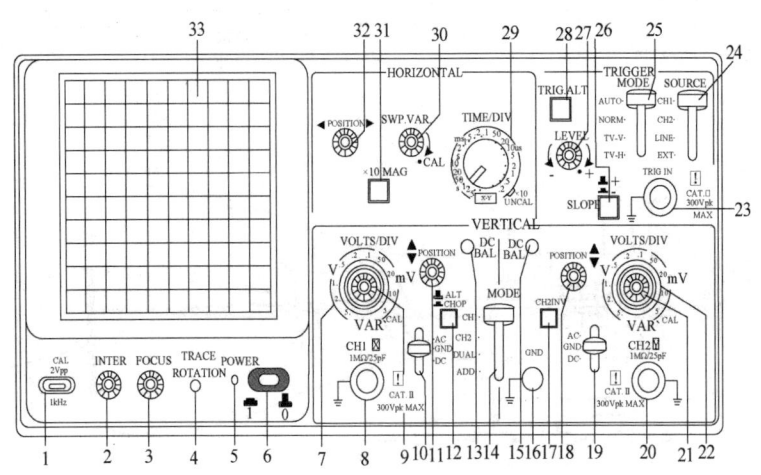

图9-4　示波器的面板

1. 面板简介

（1）示波管操作部分

6——"POWER"：主电源开关及指示灯。按下此开关，其左侧的发光二极管指示灯5亮，表明电源已接通。

2——"INTER"：亮度调节钮。调节轨迹或光点的亮度。

3——"FOCUS"：聚焦调节钮。调节轨迹或亮光点的聚焦。

4——"TRACE ROTATION"：轨迹旋转。调整水平轨迹与刻度线相平行。

33——显示屏：显示信号的波形。

（2）垂直轴操作部分

7、22——"VOLTS/DIV"：垂直衰减钮。调节垂直偏转灵敏度，从5mV/div～5V/div，共10个挡位。

8——"CH1 X"：通道1被测信号输入连接器。在X-Y模式下，作为X轴输入端。

20——"CH2 Y"：通道2被测信号输入连接器。在X-Y模式下，作为Y轴输入端。

9、21——"VAR"：垂直灵敏度旋钮，微调灵敏度大于或等于1/2.5标示值。在校正（CAL）位置时，灵敏度校正为标示值。

10、19——"AC-GND-DC"：垂直系统输入耦合开关。选择被测信号进入垂直通道的耦合方式。"AC"：交流耦合；"DC"：直流耦合；"GND"：接地。

11、18——"POSITION"：垂直位置调节旋钮。调节显示波形在荧光屏上的垂直位置。

12——"ALT/CHOP"：交替/断续选择按键，双踪显示时，放开此键（ALT），通道1与通道2的信号交替显示，适用于观测频率较高的信号波形；按下此键（CHOP），通道1与通道2的信号同时断续显示，适用于观测频率较低的信号波形。

13、15——"DC BAL"：通道1、通道2通道直流平衡调节旋钮。垂直系统输入耦合开关在GND时，在5mV与10mV之间反复转动垂直衰减开关，调整"DC BAL"使光迹保持在零水平线上不移动。

14——"VERTICAL MODE"：垂直系统工作模式开关。CH1：通道1单独显示；CH2：通道2单独显示；DUAL：两个通道同时显示；ADD：显示通道1与通道2信号的代数或代数差（按下通道2的信号反向键"CH2 INV"时）。

17——"CH2 INV"：通道2信号反向按键。按下此键，通道2及其触发信号同时反向。

（3）触发操作部分

23——"TRIG IN"：外触发输入端子。用于输入外部触发信号。当使用该功能时，"SOURCE"开关应设置在EXT位置。

24——"SOURCE"：触发源选择开关。"CH1"：当垂直系统工作模式开关14设定在DUAL或ADD时，选择通道1作为内部触发信号源；"CH2"：当垂直系统工作模式开关14设定在DUAL或ADD时，选择通道2作为内部触发信号源；"LINE"：选择交流电源作为触发信号源；"EXT"：选择"TRIG IN"端子输入的外部信号作为触发信号源。

25——"TRIGGER MODE"：触发方式选择开关。"AUTO"（自动）：当没有触发信号输入时，扫描处在自由模式下；"NORM"（常态）：当没有触发信号输入时，踪迹处在待命状态并不显示；"TV – V"（电视场）：当想要观察一场的电视信号时；"TV – H"（电视行）：当想要观察一行的电视信号时。

26——"SLOPE"：触发极性选择按键。释放为"＋"，上升沿触发；按下为"－"，下降沿触发。

27——"LEVEL"：触发电平调节旋钮。显示一个同步的稳定波形，并设定一个波形的起始点。向"＋"旋转触发电平向上移，向"－"旋转触发电平向下移。

28——"TRIG. ALT"：当垂直系统工作模式开关14设定在DUAL或ADD，且触发源选择开关24选CH1或CH2时，按下此键，示波器会交替选择CH1和CH2作为内部触发信号源。

（4）水平轴操作部分

29——"TIME/DIV"：水平扫描速度旋钮。扫描速度从0.2μs/div到0.5s/div共20挡。当设置到 X – Y 位置时，示波器可工作在X – Y方式。

30——"SWP VAR"：水平扫描微调旋钮。微调水平扫描时间，使扫描时间被校正到与面板上"TIME/DIV"指示值一致，顺时针转到底为校正（CAL）位置。

31——"×10 MAG"：扫描扩展开关。按下时扫描速度扩展10倍。

32——"POSITION"：水平位置调节钮。调节显示波形在荧光屏上的水平位置。

（5）其他操作部分

1——"CAL"：示波器校正信号输出端。提供幅度为2Vpp，频率为1kHz的方波信号，用于校正10∶1探头的补偿电容器和检测示波器垂直与水平偏转因数等。

16——"GND"：示波器机箱的接地端子。

2. 双踪示波器的正确调整与操作

示波器的正确调整和操作对于提高测量精度和延长仪器的使用寿命十分重要。

(1) 聚焦和辉度的调整　调整聚焦旋钮使扫描线尽可能细，以提高测量精度。扫描线亮度（辉度）应适当，过亮不仅会降低示波器的使用寿命，而且也会影响聚焦特性。

(2) 正确选择触发源和触发方式　触发源的选择：如果观测的是单通道信号，就应选择该通道信号作为触发源；如果同时观测两个时间相关的信号，则应选择信号周期长的通道作为触发源。

触发方式的选择：首次观测被测信号时，触发方式应设置于"AUTO"，待观测到稳定的信号后，调好其他设置，最后将触发方式开关置于"NORM"，以提高触发的灵敏度。当观测直流信号或小信号时，必须采用"AUTO"触发方式。

(3) 正确选择输入耦合方式　根据被观测信号的性质来选择正确的输入耦合方式。一般情况下，被观测的信号为直流或脉冲信号时，应选择"DC"耦合方式；被观测的信号为交流时，应选择"AC"耦合方式。

(4) 合理调整扫描速度　调节扫描速度旋钮，可以改变荧光屏上显示波形的个数。提高扫描速度，显示的波形少；降低扫描速度，显示的波形多。显示的波形不应过多，以保证时间测量的精度。

(5) 波形位置和几何尺寸的调整　观测信号时，波形应尽可能处于荧光屏的中心位置，以获得较好的测量线性。正确调整垂直衰减旋钮，尽可能使波形幅度占一半以上，以提高电压测量的精度。

(6) 合理操作双通道　将垂直工作方式开关设置到"DUAL"，两个通道的波形可以同时显示。为了观察到稳定的波形，可以通过"ALT/CHOP"（交替/断续）开关控制波形的显示。按下"ALT/CHOP"开关（置于CHOP），两个通道的信号断续地显示在荧光屏上，此设定适用于观测频率较高的信号；释放"ALT/CHOP"开关（置于ALT），两个通道的信号交替地显示在荧光屏上，此设定适用于观测频率较低的信号。在双通道显示时，还必须正确选择触发源。当CH1、CH2信号同步时，选择任意通道作为触发源，两个波形都能稳定显示，当CH1、CH2信号在时间上不相关时，应按下"TRIG. ALT"（触发交替）开关，此时每一个扫描周期，触发信号交替一次，因而两个通道的波形都会稳定显示。

值得注意的是：双通道显示时，不能同时按下"CHOP"和"TRIG. ALT"开关，因为"CHOP"信号成为触发信号而不能同步显示。利用双通道进行相位和时间对比测量时，两个通道必须采用同一同步信号触发。

(7) 触发电平调整　调整触发电平旋钮可以改变扫描电路预置的阀门电平。向"+"方向旋转时，阀门电平向正方向移动；向"-"方向旋转时，阀门电平向负方向移动；处在中间位置时，阀门电平设定在信号的平均值上。触发电平过正或过负，均不会产生扫描信号。因此，触发电平旋钮通常应保持在中间位置。

知识链接4　模拟示波器测量实例

1. 测量直流电压（图9-5）

(1) 将示波器垂直灵敏度旋钮置于校正位置，触发方式开关置于"AUTO"。

(2) 将垂直系统输入耦合开关置于"GND"，此时扫描线的垂直位置即为零电压基准线，即时间基线。调节垂直位移旋钮使扫描线落于某一合适的水平刻度线。

(3) 将被测信号接到示波器的输入端，并将垂直系统输入耦合开关置于"DC"。调节垂直衰减旋钮使扫描线有合适的偏移量。

（4）确定被测电压值。扫描线在 Y 轴的偏移量与垂直衰减旋钮对应挡位电压的乘积即为被测电压值。

（5）根据扫描线的偏移方向确定直流电压的极性。扫描线向零电压基准线上方移动时，直流电压为正极性，反之为负极性。

（6）将被测信号接入示波器 CH1 输入端，直流信号将会产生偏移，然后调节触发"电平"，使波形稳定。

如果 Volts/div 为 50mV/div 挡，示波器读数为 4div（格），则计算方法为：

$50\text{mV/div} \times 4\text{div} = 200\text{mV}_{P-P}$

当然如果探头为 10∶1，实际信号的值就是 ×10 为 2V_{P-P}。

2. 测量交流电压

（1）将示波器垂直灵敏度旋钮置于校正位置，触发方式开关置于"AUTO"。

（2）将垂直系统输入耦合开关置于"GND"，调节垂直位移旋钮使扫描线落在水平中心线上。

（3）输入被测信号，并将输入耦合开关置于"AC"。调节垂直衰减旋钮和水平扫描速度旋钮使显示波形的幅度和个数合适。选择合适的触发源、触发方式和触发电平等使波形稳定显示。

（4）确定被测电压的峰-峰值。波形在 Y 轴方向最高与最低点之间的垂直距离（偏移量）与垂直衰减旋钮对应挡位电压的乘积即为被测电压的峰-峰值，如图 9-6 所示。

如果输入端 Volts/div 为 1V/div 挡，示波器读数为 5div（格），则计算方法为：

$1\text{ V/div} \times 5\text{ div} = 5\text{V}_{P-P}$，当然如果探头为 10∶1，实际值为 50V_{P-P}。

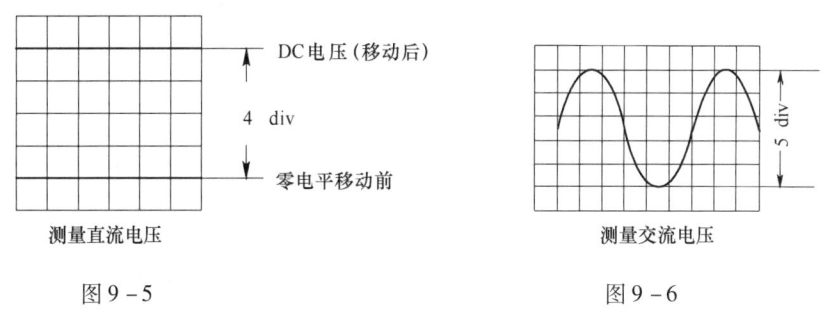

图 9-5　　　　　　　　　　　　　　　　图 9-6

3. 测量周期

（1）将水平扫描微调旋钮置于校正位置，并使时间基线落在水平中心刻度线上。

（2）输入被测信号。调节垂直衰减旋钮和水平扫描速度旋钮等，使荧光屏上稳定显示 1~2 波形。

（3）选择被测波形一个周期的始点和终点，并将始点移动到某一垂直刻度线上以便读数。

（4）确定被测信号的周期。信号波形一个周期在 X 轴方向始点与终点之间的水平距离与水平扫描速度旋钮对应挡位的时间之积即为被测信号的周期。

用示波器测量信号周期时，可以测量信号 1 个周期的时间，也可以测量 n 个周期的时间，再除以周期个数 n。后一种方法产生的误差会小一些。

测量周期如下图所示，如果一个周期在屏幕上为 2div（格），扫描时间为 1ms/div，则周期为：1ms/div × 2div = 2.0ms

4. 测量频率

由于信号的频率与周期为倒数关系，即 $f = 1/T$。因此，可以先测信号的周期，再求倒数即可得到信号的频率。由图 9-7 所示可得，周期 $T = 2.0$ms，则频率为 1/2Hz = 500Hz，如果运用 ×10 扩展，那么 Time/div 则为指示值的 1/10。

5. 测量相位差

（1）将水平扫描微调旋钮、垂直灵敏度旋钮置于校正位置。

（2）将垂直系统工作模式开关置于"DUAL"，并使两个通道的时间基线均落在水平中心刻度线上。

（3）输入两路频率相同而相位不同的交流信号至 CH1 和 CH2，将垂直输入耦合开关置于"AC"。

（4）调节相关旋钮，使荧光屏上稳定显示出两个大小适中的波形。

（5）确定两个被测信号的相位差。如图 9-8 所示，测出信号波形一个周期在 X 轴方向所占的格数 m（5 格），再测出两波形上对应点（如过零点）之间的水平格数 n（1.6 格），则 u_1 超前 u_2 的相位差角 $\Delta\varphi = n/m \times 360° = 1.6/5 \times 360° = 115.2°$。

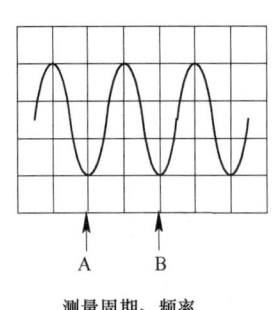

测量周期、频率

图 9-7

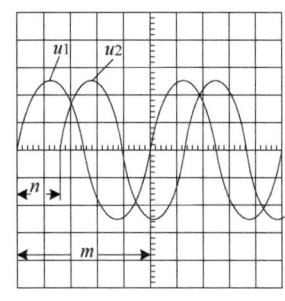

测量两正弦交流电的相位差

图 9-8

相位差角 $\Delta\varphi$ 符号的确定。当 u_2 滞后 u_1 时，$\Delta\varphi$ 为负；当 u_2 超前 u_1 时，$\Delta\varphi$ 为正。频率和相位差角的测量还可以采用 Lissajous 图形法，此处不再赘述。

任务二　函数信号发生器的使用

知识链接 1　函数信号发生器的基本结构

（1）如图 9-10 所示，整机电路主要由波形产生电路、变换电路、控制电路、键盘及显示电路、接口电路和输出电路组成。

（2）波形产生电路的核心是 DDS 直接数字合成芯片，配合相应的外围电路，可以产生各种输出波形。由于 DDS 特有的性能，输出波形的频率稳定度等同于来自晶体振荡器的参考时钟稳定度。由于采用了大规模标准集成电路,因此,整机的关键指标能够得到可靠保证。

(3) 变换电路采用可调节电平触发电路,其中,信号电路加到比较器的一端,可设定电压加到比较器的另一端,在比较器的作用下,实现脉冲输出功能,并且利用大规模可编程芯片完成各种波形控制和变换。

(4) 控制电路采用了目前广泛使用的 51 系列单片机,具有控制简单、成本低等优点。

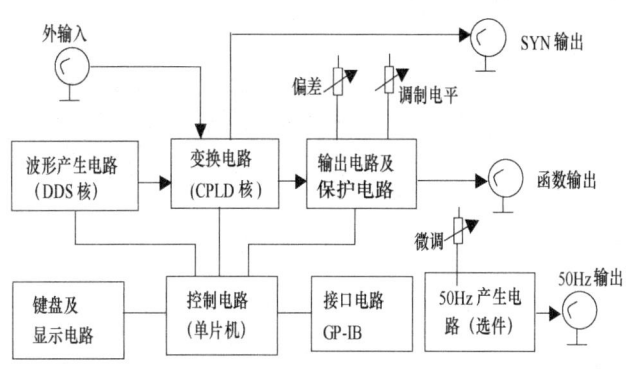

图 9-10 整机电路组成

知识链接 2　函数信号发生器的使用

以 EE1641 型函数信号发生器为例,主要技术参数如下 (图 9-11):

输出频率

0.2Hz~2MHz (0.3~3M) 按十进制分类共分七挡

输出信号阻抗

a) 函数输出:50Ω;

b) TTL/CMOS 同步输出:600Ω。

输出信号波形

a) 函数输出 (对称或非对称输出):正弦波、三角波、方波;

b) TTL/CMOS 同步输出:脉冲波。

输出信号幅度

a) 函数输出:不衰减:($2V_{p-p}$~$20V_{p-p}$) ±10% 连续可调;

衰减 20dB ($0.2V_{p-p}$~$2V_{p-p}$) ±10% 连续可调;

衰减 40dB ($20mV_{p-p}$~$200mV_{p-p}$) ±10% 连续可调;

衰减 60dB ($2mV_{p-p}$~$20mV_{p-p}$) ±10% 连续可调;

b) TTL 脉冲输出:"0" 电平:≤0.8V,"1" 电平:≥1.8V (负载电阻≥600Ω)

c) CMOS 脉冲输出:3~15V 可调。

输出信号类型

单频信号、扫频信号、调频信号 (受外控)。

扫描方式

a) 内扫描方式:线性/对数扫描方式;

b) 外扫描方式:由 VCF 输入信号决定。

输出信号频率稳定度:±0.1%/min。

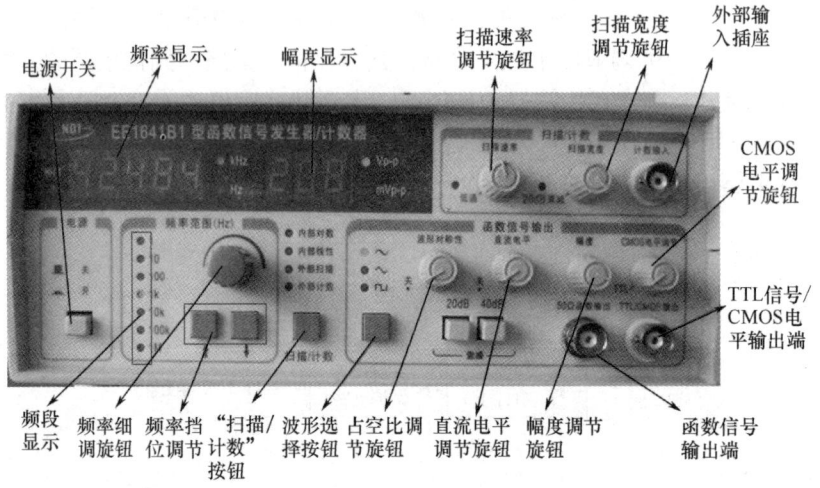

图 9-11 EE1641 型函数信号发生器

任务三 交流毫伏表的使用

知识链接 1　交流毫伏表的组成及工作原理

交流毫伏表的组成如图 9-12 所示。

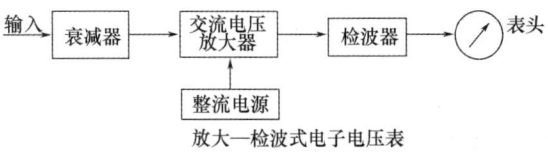

图 9-12 交流毫伏表的组成

电子电压表表头指针的偏转角度正比于被测电压的平均值，而面板却是按正弦交流电压有效值进行刻度的，因此电子电压表只能用以测量正弦交流电压的有效值。当测量非正弦交流电压时，电子电压表的读数没有直接的意义，只有把该读数除以 1.11（正弦交流电压的波形系数），才能得到被测电压的平均值。

知识链接 2　交流毫伏表的面板组成

交流毫伏表的面板结构如图 9-13 所示。

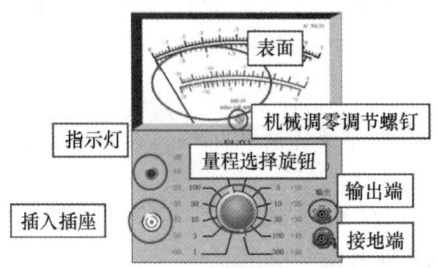

图 9-13 交流毫伏表的面板结构

知识链接3　交流毫伏表使用注意事项

(1) 机械调零　仪表接通电源前,应先检查指针是否在零点,如果不在零点,应调节机械零调节螺丝,使指针位于零点。

(2) 正确选择量程　应按被测电压的大小合适地选择量程,使仪表指针偏转至满刻度的1/3以上区域。如果事先不知被测电压的大致数值,应先将量程开关置在大量程,然后再逐步减小量程。

(3) 正确读数　根据量程开关的位置,按对应的刻度线读数。

(4) 当仪表输入端连线开路时,由于外界感应信号可能使指针偏转超量限而损坏表头。因此,测量完毕时,应将量程开关置在大量程。

知识链接4　交流毫伏表使用方法

(1) 测量前应短路调零。打开电源开关,将测试线(也称开路电缆)的红黑夹子夹在一起,将量程旋钮旋到1mV量程,指针应指在零位(有的毫伏表可通过面板上的调零电位器进行调零,凡面板无调零电位器的,内部设置的调零电位器已调好)。若指针不指在零位,应检查测试线是否断路或接触不良,应更换测试线。

(2) 交流毫伏表灵敏度较高,打开电源后,在较低量程时由于干扰信号(感应信号)的作用,指针会发生偏转,称为自起现象。所以在不测试信号时应将量程旋钮旋到较高量程挡,以防打弯指针。

(3) 交流毫伏表接入被测电路时,其地端(黑夹子)应始终接在电路的地上(成为公共接地),以防干扰。

(4) 调整信号时,应先将量程旋钮旋到较大量程,改变信号后,再逐渐减小。

(5) 交流毫伏表表盘刻度分为0~1和0~3两种刻度,量程旋钮切换量程分为逢一量程(1mV、10mV、0.1V……)和逢三量程(3mV、30mV、0.3V……),凡逢一的量程直接在0~1刻度线上读取数据,凡逢三的量程直接在0~3刻度线上读取数据,单位为该量程的单位,无需换算。

(6) 使用前应先检查量程旋钮与量程标记是否一致,若错位会产生读数错误。

(7) 交流毫伏表只能用来测量正弦交流信号的有效值,若测量非正弦交流信号要经过换算。

(8) 注意:不可用万用表的交流电压挡代替交流毫伏表测量交流电压(万用表内阻较低,用于测量50Hz左右的工频电压)。

项目十　典型电子产品的装接与调试

> **项目目标**
> 　　掌握稳压电源电路的制作与调试
> 　　掌握 OTL 功放电路的制作与调试
> 　　掌握调光灯电路的制作与调试

【知识目标】
　　了解并掌握稳压电源电路、OTL 功放电路、调光灯电路的工作原理。
【技能目标】
　　掌握稳压电源电路、OTL 功放电路、调光灯电路的组装与调试。

任务一　稳压电源的装接与调试

知识链接 1　稳压电源电路的组成

　　稳压电源是能为负载提供稳定交流电源和直流电源的电子装置,包括交流稳压电源和直流稳压电源。通常,把交流电转化为稳定的直流电需经过整流、滤波、稳压三个环节,其组成框图如图 10-1 所示,原理框图如图 10-2 所示。

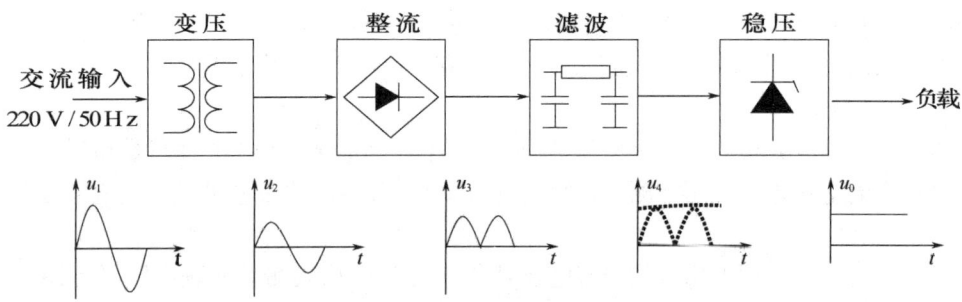

图 10-1　直流稳压电源组成框图

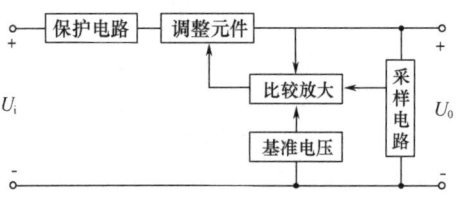

图 10-2　直流稳压电源原理框图

知识链接 2　稳压电源电路的工作原理

12V 直流稳压电源的电路原理图如图 10 – 3 所示，交流 220V 电压经电源变压器 7B1 降压、整流二极管 7BG1 ~ 7BG4 桥式整流、电容 7C1 滤波后，得到直流电压，再经由 7BG5 ~ 7BG8 组成的稳压调整后，输出 12V 直流电压，当输入电压或负载电流在一定范围内变化时，输出的 12V 直流电压稳定不变，具体工作原理如下。

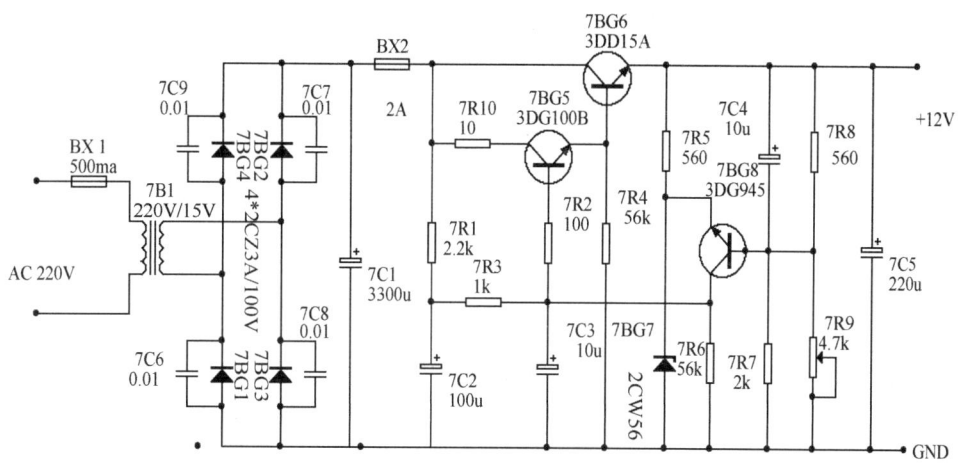

图 10 – 3　稳压电源电路原理图

1. 交流降压电路

本稳压电源额定输出电压为 12V，因为调整管必须有一定的压降，交流输入电压选择为 17V，由电源变压器 7B1 将 220V 交流电压降压为交流 17V。稳压电源最大输出电流额定值为 1.2A，考虑到一定的损耗，7B1 采用 10W 的电源变压器，FU_1（500mA）为交流熔断丝。

2. 整流电路

17V 交流电压通过整流电路变换成方向不变、大小随时间变化的脉动电压，其整流部分采用了由 7BG1 ~ 7BG4 组成的桥式整流器。虽然桥式整流器需要用四只整流二极管，但是，桥式整流电路具有整流效率较高、脉动成分较少、变压器次级无需中心抽头的特点。

3. 滤波电路

由于桥式整流后在负载上得到的是脉动的直流电压，其频率为 100Hz，峰值为 1.4e ≈ 24V，所以，还必须经过平滑滤波后才可供实际应用。电容滤波器是一种简单实用的平滑滤波器，C1 就是滤波电容器，利用电容器的充、放电作用，可以将脉动的直流电压变为平滑的直流电压。由于 C1 容量足够大，充入的电荷多，放掉的电荷少，最终使整流出来的脉动电压成为直流电压 U_4，空载时 $U_4 = 1.4e ≈ 24V$。

4. 稳压电路

本电路是典型的串联型直流稳压电路，调整元件串接在输入电压 U_4（24V 左右）与

输出电压 U_o（12V）之间。如果输出电压 U_o 由于某种原因发生变化，调整元件就作相反的变化来抵消输出电压的变化，从而保持输出电压 U_o 的稳定。

（1）稳压原理　假设某种原因（如果电网电压波动或负载电阻的变化等），使输出电压 U_o 上升，由取样电路将这一变化趋势送到比较放大管 7BG8 的基极，而 7BG8 的发射极电压由于稳压管 7BG7 的作用而保持恒定，所以，7BG8 的基极电压 U_{be} 将增大，管子的集电极电流 I_{C8} 随之增大，则在负载电阻 7R1、7R3 上的压降也增大，结果使复合管 7BG5、7BG6 的基极电位下降，管子内阻增大，7BG6 的 U_{CE6} 增大，由于 $U_o = 24 - U_{CE6}$，所以，将造成 U_o 下降，因而保持了 U_o 的稳定。其电路的稳压过程是：

$$U_o \uparrow \to U_{B8} \uparrow \to U_{BE8} \uparrow \to IC_8 \uparrow \to U_{C8}(U_{B5}) \downarrow \to U_0 \downarrow$$
$$U_o \downarrow \longleftarrow$$

若输出电压降低，则上述过程相反，这时稳压电路使 U_o 上升，则有如下稳压过程：

$$U_o \downarrow \to U_{B8} \downarrow \to U_{BE8} \downarrow \to IC_8 \downarrow \to U_{C8}(U_{B5}) \uparrow \to U_0 \uparrow$$
$$U_o \uparrow \longleftarrow$$

（2）稳压电路的功能　稳压电路包括基准电压、比较放大器、调整元件等基本电路。

图 10-2 所示电路当中，R5 与 7BG7（2CW56）组成基准电压电路，稳压二极管 7BG7 可提供 7.5V 的稳定的基准电压，R5（560Ω）是限流电阻。

电阻 R8、R9、7W1 组成取样电路，取样比为 (R9+7W1′)/(R8+R9+7W1)（注：7W1′表示电位器 7W1 中心滑臂与 R9 触点之间的电阻值），稳压电压 U_o 由取样比和基准电压 U_{VD} 决定，即：输出电压 U_o 为

$$U_o = \frac{R9 + 7W1 + R8}{R9 + 7W1'}(U_{VD} + U_{BE8})$$

式中 U_{BE8} 是晶体管 7BG8（9013）的 b-e 结间的压降，约为 0.7V。调节 7W1 可以改变稳压电源的输出电压。

由晶体管 7BG8 和集电极电阻 R5 组成的比较放大器是一个直流放大器，它对取样电压与基准电压的差值进行放大。7BG8 发射极接基准电压（7.5V），基极接取样电压（8.2V），集电极电压作为调整管基极的控制电压。当由于某种原因输出电压 U_o 变高时，7BG8 的基极的取样电压也按比例升高，由于 7BG8 发射极仍被基准电压稳定在 7.5V，因此 7BG8 集电极电流增大，集电极电压下降，使调整管的基极电流减小，导通度减小，管压降增大，迫使 U_o 回升。最终使输出电压 U_o 稳定在 12V。

调整元件采用了复合管（7BG5+7BG6），其中调整管 7BG6（3DD15）为大功率晶体管（安装时要加装散热器）。由于整个稳压电源的输出电流全部要经过调整管，所以，7BG6 应有足够的功耗和集电极电流指标（对于 12V、1A 的稳压电源，7BG6 集电极电流应不小于 2A，功耗不小于 10W）。

5. 保护电路

为了防止输出端不慎短路过载而造成调整管损坏，在设计直流稳压电源电路时，通常都有过流自动保护电路。本电路中，FU_2 熔断丝的极限电流值为 2A，当短路或过载时，输出电流增大至 2A 时。熔断丝会自动断开，起到自动保护电路的作用。

6. 电路的其他功能原理

R1（2.2kΩ）、R3（1kΩ）是 7BG5（9013）的偏置电阻，目的是为了保证复合管正常工作，它也是 7BG8 的集电极的负载电阻。

R4（56kΩ）为 7BG5 的穿透电流和 7BG6 集电极反向截止电流提供通路，减小了调整管的总的穿透电流，保证调整管在高温下正常工作。

R2（100Ω）是 7BG5 的隔离电阻。

C2、C3、R3 组成 Π 型滤波电路，为复合管提供纹波系数很小的基极电压，起到减小纹波电压的作用，还可抑制内部可能产生的自激振荡。

C4 可使输出电压中的纹波电压反馈到比较放大器，从而进一步减小纹波电压。

C5 作用有两个：其一，可作为 12V 的直流电压的滤波电容，滤除交流成分；其二，改善动态特性，当负载电流突然变化时，提供放电电流，使输出稳定。

知识链接3 稳压电源电路的调试

（一）调试所需仪器工具

调压器 0 ~ 250V/0.5KVA	1 只
电源变压器	1 只
数字万用表	1 只
万用表 MF47	1 只
交流毫伏表	1 只
可变负载电阻 RL0 ~ 25Ω	1 只
直流电流表、交流电压表	各 1 只

（二）12V 直流稳压电源调试流程

装配质量检验→接线→通电→测可调输出电压范围→测空载输出电压 U_0→各级静态工作点检测→调测 Uo（Io = 1A）→测纹波电压 $U_纹$→测电压调整率→测电流调整率→测最大输出电流。

接线图参照图 10-4、图 10-5。

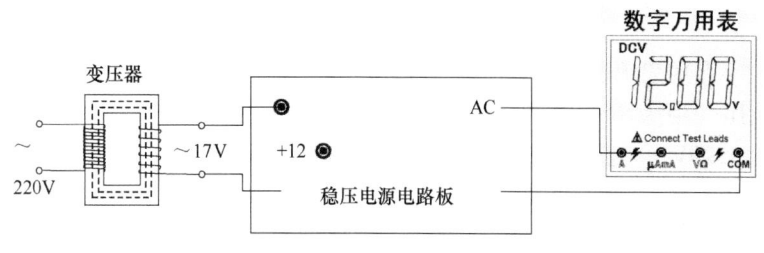

图 10-4 稳压电源静态测试接线图

（三）调试步骤

1. 调试前准备：装配质量检验

（1）按照电路原理图和元器件表认真检查元件的规格、型号有无装配错误，如有错误

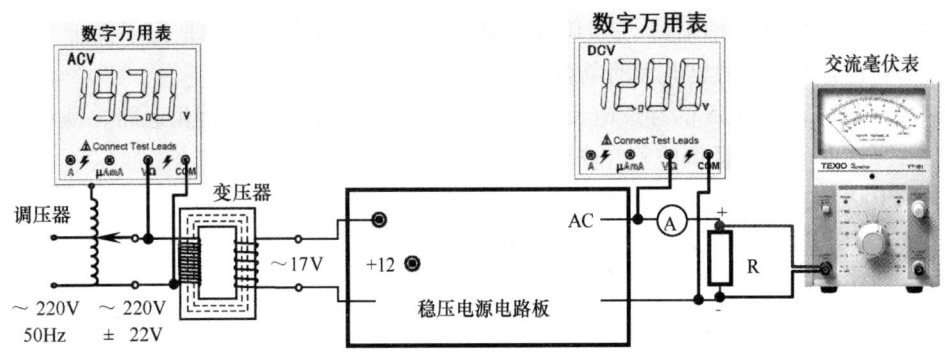

图 10－5　稳压电源技术参数调试接线图

及时改正，为调试打好基础。

（2）对照安装图，检查印制线路板的装配质量。重点检查有无短路、搭焊、漏焊、虚焊和假焊。

阅读评分表上的调试要求及指标，阅读调试记录报告的项目及内容，明确调试的条件、方法、步骤及要求，进一步对照原理图及印刷板实物，明确测量位置，做出测试点的选择。

主要注意电解电容极性有无接反；整流二极管、稳压二极管有否接反。

2. 调试空载输出电压：要求输出电压 U_o 为 12.00V ± 0.02V

（1）用 $\Omega \times 1K$ 挡测 7C1 两端电阻，应大于 200KΩ（红表笔接负极，黑表笔接正极），测 7BG6 的 C 极对地电阻，即散热片对地电阻，应大于几十千欧（红表笔接负极，黑表笔接正极）。

（2）将变压器的次级引线一端接至电路中 7BG1 的负极或 7BG4 的正极，另一端接到 7BG3 的负极或 7BG2 的正极。

（3）将调压器退至"0"，接通电源。逐步升高调压器电压至 220V——记入表中"变压器输入电压"，用数字万用表交流电压挡测量变压器次级的交流电压（约为 17V），记入表中"变压器输出电压"，测 7C1 两端电压（约为 24V 左右），记入表中"整流后电压"。

（4）用数字万用表测输出端电压 U_o，调节 7W1 使 $U_o = 12.00V ± 0.02V$，填入调试记录表"稳压电压"中。

（以上均为 220V、空载时测）

3. 测试电压调整率 Su：要求 Su < ±1%

定义：在输出电流不变的情况下，当电网电压变化 ±10% 时，输出电压相对变化量的百分数，即

$$Su = \frac{\Delta U_o}{U_o} \times 100\%$$

（1）变压器输入电压保持 220V，接上负载电阻 RL（约 12Ω），电流表应有指示。调节负载电阻使输出电流为 1A，测输出电压 U_1，并作记录。

（2）调节调压器使变压器输入电压升至 242V，调负载电阻使输出电压保持 1A 不变，

测输出电压 U_2，并作记录。

(3) 调节调压器使变压器输入电压降至 198V，调负载电阻使输出电流保持 1A 不变，测输出电压 U_3，并作记录。

(4) 计算电压调整率

$$S_{U1} = \frac{U_2 - U_1}{U_o} \times 100\%$$

$$S_{U2} = \frac{U_1 - U_3}{U_o} \times 100\%$$

式中 U_o 为额定输出电压 12.00V，取其中较大的一个作为该稳压电源的电压调整率。

4. 测量电流调整率：要求 $S_i < \pm 1\%$

定义：在输入电压及环境温度保持不变的情况下，由于负载电流 I_o 的变化引起输出电压的相对变化量的百分数，即 $S_i = \Delta U_o/U_o \times 100\%$。

(1) 输入电压为 220V、负载为空载（$I_o = 0$）时，测输出电压 $U_o = 12.00V \pm 0.02V$，并作记录。

（上面已测过，即"稳压电压"）

(2) 输入电压为 220V、接负载电流为 1A 时测输出电压 U_1，并作记录；

（上面已测过，即 U_1）

(3) 计算电流调整率

$$S_i = \frac{U_o - U_1}{U_o} \times 100\%$$

5. 测试输出纹波电压：要求 $U_{纹} < 1mV$（有效值）

定义：稳压电源输出直流电压中的交流成分，用有效值表示。

(1) 接通电源，调节调压器，使输入为 220V。

(2) 调节 W_1，空载输出电压 $U_o = 12.00V \pm 0.02V$ 保持不变。

(3) 接上负载调节 RL，调节 RL，使 $I_o = 1A$。

(4) 将交流毫伏表（置 1V 挡）接在稳压输出端，直接读出纹波电压值 U_5，并作记录。

知识链接 4 稳压电源电路的问题解答

1. 说明电路的工作过程和电路中各元件的作用

7BG1、7BG2、7BG3、7BG4 桥式整流电路，7C6～7C9 滤波电路保护整流二极管。7BG5、7BG6 组成复合管，增大等效值改善稳压性能。7C1～7C5 为滤波电容，7R5 为 7BG7 限流电阻，7R4 给 7BG5 的反向穿透电流提供一条通路，防止高温时，7BG6 出现失控，7R8、7W1、7R9 为 7BG8 分压偏置电阻。7R1、7R3 为 7BG6 负载电阻，R2、7R6、7R10 为 7BG5 偏置负载电阻。

2. 说明当输入电压降低、升高或负载变化时，输出电压保持稳定的工作原理

当输入电压升高：

$U_o \uparrow \rightarrow Ub$（7BG8）$\uparrow \rightarrow Ube$（7BG8）$\uparrow \rightarrow Ic$（7BG8）$\uparrow \rightarrow Uc$（7BG8）$\downarrow \rightarrow Ub$（7BG5）$\downarrow \rightarrow Ic$（7BG5）$\downarrow \rightarrow Ic$（7BG6）$\downarrow \rightarrow Uce$（7BG6）$\uparrow \rightarrow U_o \downarrow$。

当输入电压下降时：

$U_o\downarrow \to U_b$（7BG8）$\downarrow \to U_{be}$（7BG8）$\downarrow \to I_c$（7BG8）$\downarrow \to U_c$（7BG8）$\uparrow \to U_b$（7BG5）$\uparrow \to I_c$（7BG5）$\uparrow \to I_c$（7BG6）$\uparrow \to U_{ce}$（7BG6）$\downarrow \to U_o\uparrow$。

知识链接5　稳压电源电路的注意事项

（1）电源变换是将220V的工频交流电源变换成所需要的低压电源，由调压器来完成。调压器的输入端和输出端不能接反，否则要烧坏调压器。测量调压器输出电压时一定要将万用表调到交流挡。

整流后电压有多种方法测，除了测测试点7BG6的C极即散热片对地电压外，还可以测保险丝两端与地之间的电压。

（2）加负载时，负载电阻应调在>12Ω左右后再接通电源，然后根据电流表指示细调至1A，否则会烧保险丝。测纹波电压时切勿忘记要将输入电压调到220V。

（3）在测电压调整率时一定要接负载。

（4）调整管的C极焊盘上，预先要搪上一层锡，然后再装配。

（5）正确使用数字万用表。

①数字万用表测电压时，红笔一定要插在V/Ω位，测电流时红表笔插在mA或20A位。

②转换量程或功能时，表笔必须脱离开电路。

③当最高位显示"1"，其他位不显示时，表示已超量程溢出，应将量程档调高一挡，但量程选得过高会使测量精度降低、误差大。

④测量高电压或大电流时一定要格外注意，看清量程后再测。

（6）正确使用毫伏表。

①毫伏表在使用前应检查表头指针是否指零，如偏零位应进行机械调零。

②通电前或不测量时应放在高量程挡，每次用毕也要转换至高电压档，以防止指针打弯。

知识链接6　直流稳压电源电路设计记录

直流稳压电源元器件清单

序号	品名	型号/规格	数量	配件图号	实测值
1	碳膜电阻	RJ-0.25-10Ω	1	R9	
2	碳膜电阻	RJ-0.25-100Ω	1	R2	
3	碳膜电阻	RJ-0.25-560Ω	2	R5，R8	
4	碳膜电阻	RJ-0.25-1KΩ	1	R3	
5	碳膜电阻	RJ-0.25-2KΩ	1	R7	
6	碳膜电阻	RJ-0.25-2.2KΩ	1	R1	
7	碳膜电阻	RJ-0.25-56KΩ	2	R4，R6	
8	微调电阻	WS-4.7K	1	RP1	

续表

序号	品名	型号/规格	数量	配件图号	实测值
9	整流二极管	IN4001	4	VD1～VD4	
10	稳压二极管	7.5V	1	VD5	
11	三极管	9013	1	VT3	
12	三极管	1008	1	VT1	
13	功率三极管	D880	1	VT2	
14	瓷介电容	CC－63V－0.01uF	4	C6～C9	
15	电解电容	CD－16V－10uF	2	C3，C4	
16	电解电容	CD－25V－100uF	1	C2	
17	电解电容	CD－25V－220uF	1	C5	
18	电解电容	CD－25V－3300uF	1	C1	
19	保险丝夹		2	BX2	
20	熔断器	Φ5*20－2A	1	BX2	
21	散热器		1	VT2	
22	螺钉	BA3*8	1	VT2	
23	印制电路板	GK－5 SGG W	1		

稳压电源调测记录

空载	变压器输入电压	变压器输出电压	整流后电压	稳压电压
	V	V	V	V
电压调整率	电源输入电压	198V	220V	242V
	稳压输出电压			
	电压调整率计算：			

电流调整率	输出电流	空载	1A	输出波纹电压
	输出电压			mV
	电流调整率计算：			

问题解答及故障处理情况：

任务二 OTL 功放电路的装接与调试

知识链接 1　OTL 功放电路的组成

在科学实验和生产实践中，常常要求电子设备或放大器的最后一级能带一定的负载。例如：使扬声器的音圈振动发出声音，推动电机旋转，使继电器或记录仪动作，在雷达显示器或电视机中使光点随信号偏转等，这都要求放大器不但输出一定的电压，而且能输出一定的电流，也就是要求放大器能输出一定的功率。通常我们把向负载提供低频功率的放大器称为低频功率放大器，简称"功放"（图 10-6）。

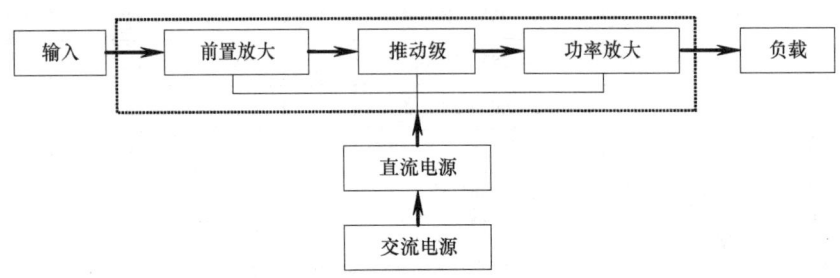

图 10-6　低频功率放大器原理框图

知识链接 2　OTL 功放电路的工作原理

OTL 功率放大器电路基本结构如图 10-7 所示，VT2 和 VT3 是一对导电类型不同但特

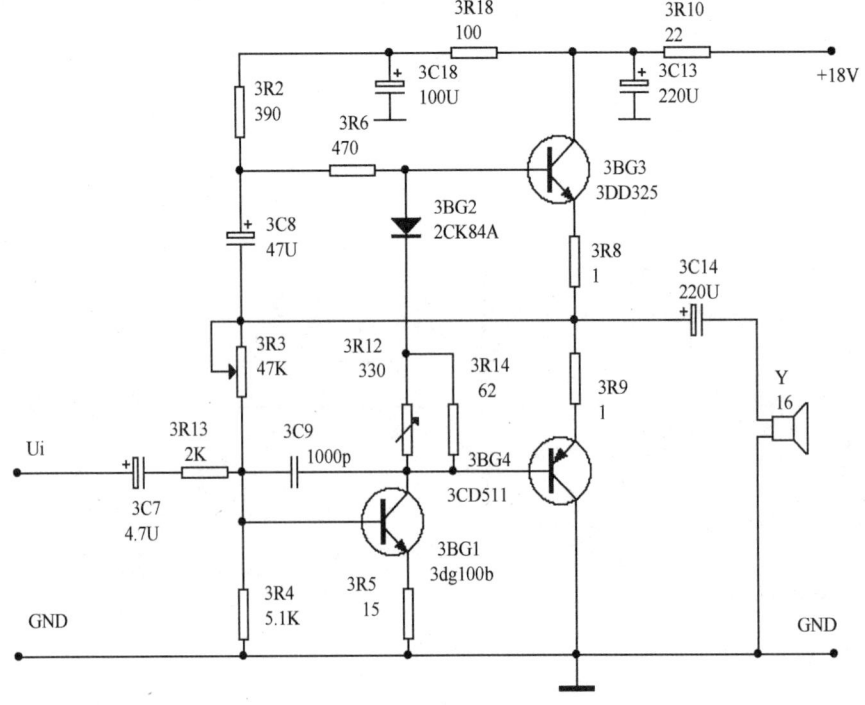

图 10-7　OTL 功放电路原理图

性对称的对管。两管都接成射极输出形式，输出电阻小，所以无需变压器就能与低阻抗负载较好地匹配。输出耦合电容 C7 可充当 V2 回路等效电源，电容容量可选用几百微法的电解电容。

OTL 功率放大器是比较常用的一种低频功率放大电路，它采用了互补对称推挽电路，克服了交越失真，具有很高的效率，所以它是目前应用最多的一种功率放大电路。

图示的电路由晶体管 VT1 组成推动级（也称前置放大级），VT2、VT3 是一对参数对称的 NPN 和 PNP 型晶体管，它们组成互补推挽 OTL 功放电路。当输入正弦交流信号 Ui 时，经 C1 输入电容耦合至 VT1 放大、倒相后作用于 VT2、VT3 的基极，Ui 负半周使 VT2 管导通（VT3 截止），有电流通过负载 RL，同时向电容 C7 充电；在 Ui 正半周，VT3 管导通（VT2 截止），则已充好电的电容器 C7 起着电源的作用，通过负载 RL 放电，这样，在 RL 得到一个完整的正弦波。

（二）前置放大级

三极管 VT1 组成前置放大级，RP3（可调）、R4 组成 VT1 基极偏置电路，使它工作于甲类状态，调节 RP3，可改变 I_c1 的大小。R2、R6、VD4、R7、R8 是前置放大器 VT1 的集电极负载。R5 对 VT1 而言，引入交直流串联电流负反馈，以改善输出特性；C3 是三极管 VT1 的中和电容，以防止 VT1 放大器出现自激。

（三）OTL 功率放大级

VT2、VT3 是一对互补对称功放三极管，要求其电流放大倍数相近（h_{EF} 匹配），由于每一个管子都接成射极输出器形式，因此具有输出电阻低、负载能力强等优点。

VT2、VT3 两管基极之间的二极管 VD1 和电阻 R7、R8 是它们的偏置电阻，使 VT2 和 VT3 两管工作于微导通状态，即处于甲乙类状态，可以消除电路的交越失真。改变 RP3 电位器阻值的大小可以改变 VT1 的集电极电流 I_c1 和功放管 VT2 和 VT3 的基极电位，从而使功放的中点电位 UA = UCC/2 = 9V。C2 和 R2 组成自举电路，以提高 OTL 功放输出信号正半周的幅度，以得到大的动态范围。

R9、R10 是 VT2、VT3 两管（功放输出极）的发射极电阻，有串联电流负反馈作用，有助于功放输出波形失真的改善，实际工作中还兼有限流保护功放管的作用。

C7 是输出电容，C6 是高频旁路电容，以防止输出级可能出现的自激。R11、C4 和 R12、C5 组成两节 Γ 形电源去耦电路，以滤除通过电源进入的干扰信号，以使功放稳定可靠地工作。本功放供电电压是 18V。

扬声器是功放的负载，特性阻抗是 16Ω（这里用 15Ω 电阻代替）。

知识链接 3　OTL 功放电路的调试

（一）调试所需仪器工具

直流稳压电源 +18V	1 台
示波器	1 台
低频信号发生器	1 台
交流毫伏表	2 台
负载电阻 15Ω	1 只
万用表 MF47	1 只

(二) 调试流程

装配质量检验→静态检测→接通电源 18V→调中点电压 9V→静态工作电流（≤25mA）→测最大不失真输出功率 P_0→测放大器灵敏度→测频率响应。

调试仪器连接如图 10-8 所示。

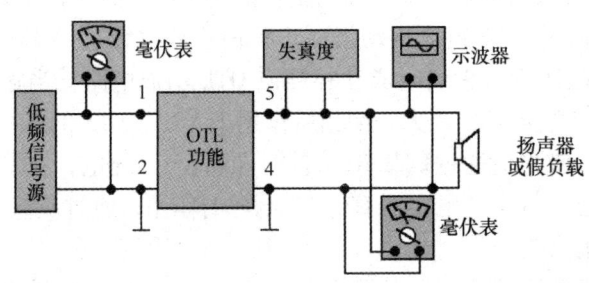

图 10-8　低频功率放大器电路图

(三) 调试步骤

1. 静态检查

(1) 对照装配图纸和元器件表检查有无装配错误，有则及时改正。检查印制线路板质量，重点检查有无短路、搭焊、漏焊、虚焊或假焊。

(2) 阅读评分表上的调试要求及指标，阅读调试记录报告的项目及内容，明确调试的条件、方法、步骤及要求，进一步对照原理图及印刷板实物，参照图 10-8 接线，明确测量位置，作出测试点的选择。

(3) 示波器校准　示波器预热 10 分钟，打开示波器校准信号，探头线接至校准信号输出端，对示波器进行校准，校准好后"X、Y 微调"在测量过程中均不要再动。

2. 静态测试（$U_A = U_{cc}/2 = 9 \pm 0.2V$，$I \leqslant 25mA$）

(1) OTL 功放电路接直流稳压电源 U=+18V。万用表先测电源电压，记入表中。

(2) 调整 OTL 电路的中点电压：数字万用表测 C14 的正极（或 R8 和 R9 的公共端）对地电压，即为中点电压，调整 RP1 使中点电压 $U_A = U_{cc}/2 = 9 \pm 0.2V$（即电源电压的一半），数据填入表中。

(3) 测量整机静态电流：在静态下（输入为零时，可将 U_i 对地短接），用万用表直流 50mA 挡，串在 +18V 电源正极和电路板"+18V"之间线路中测总电流 I（正常约为十几 mA 或 20mA 左右），将电流值填入记录表静态电流中。

【注：测静态电流时，也可以先测出 R10 两端的电压，再除以 R10 的阻值 22Ω，即为整机静态电流。】

3. 最大不失真功率测试（Uo1≥4Vrms，Po≥1W）

(1) 按图接线，输出毫伏表置 10V 挡。

(2) 低频信号发生器的频率调为 1000Hz，"波形选择"打在"正弦波"挡。示波器选择合适的"V/div""t/div"，耦合方式"DC"。接通电源，使波形清晰稳定（示波器约为"2/div"、"0.5m/div"）。

(3) 调节低频信号发生器的"幅度输出"，使示波器上的正弦波刚好不出现削波失真

时，记录输出毫伏表上电压值，即为输出电压 Uo1。（正常值应≥4Vrms）

（4）根据下式，计算出最大不失真功率：

$$R_o = \frac{(U_{o1})^2}{R_L}$$

式中 R_L 为负载电阻，现用 15Ω，所以 $R_o = \frac{(U_{o1})^2}{15}$，正常值应≥1W，记录表中。

【注：最大不失真波形的测量可以用失真度仪进行精确测量。步骤如下：
（1）在接通电源前将分压器开关置"100%（0dB）"位置；
（2）工作选择开关置"电压"位置，接通电源；
（3）输入被测信号，改变输入衰减开关使表头指示在可读范围内（300mV~1V）；
（4）将工作选择开关置"校准"位置；
（5）调节校准电位器旋钮，使表头指示为满度，再将工作选择开关置"失真"位置；
（6）置失真度测量"频率范围"选择开关于1kHz，根据数字指示调节频率粗调旋钮和相位粗调旋钮，使示波管显示为一竖线；
（7）反复调节频率细调及相位微调，改变分压器开关，使表头指示为最小为止，依照分压器位置从表头直接读失真度测量值。】

3. 放大器灵敏度测试

（1）输出端的毫伏表置 10V 挡，低频信号发生器频率仍为 1000Hz，调整低频信号发生器"幅度输出"使输出毫伏表上电压 U_{o2} = 4Vrms，记录输入毫伏表（置1V挡）上的输入电压 U_{i2}。

（2）根据下式，计算出放大器电压放大倍数：

$$A_U = \frac{U_{o2}}{U_{i2}} = \frac{4V}{U_{i2}}$$

填入记录表中。

4. 频响特性测试

①低频信号发生器输出仍为 1000Hz 的正弦波，输入端毫伏表置 300mV 挡，输出端毫伏表置 3V 挡，调整低频信号发生器"幅度输出"，使 OTL 功放电路的输出电压 U_{o3} = 2Vrms。记录此时输入毫伏表上的输入电压 U_{i3}。

②保持输入信号电压 U_{i3} 不变，改变低频信号发生器频率，分别为 20、100、200、1000、5000Hz 时，测出对应的输出电压，记录在表中（如果改变频率 f 后，输入信号幅度 U_i 变了，应重调低频信号发生器"幅度输出"使输入电压 U_{i3} 保持不变）。

③画出频响曲线：在对数坐标格上先标出各点，再将各点平滑地连成一曲线，即为频响曲线。要求通频带（f_{BW}）应在 0.05~5kHz 范围内，否则检查输入电容和输出电容等元件参数的影响。

知识链接4 OTL 功放电路的问题解答

1. OTL 功率放大器的工作原理

OTL 功放原理：输入音频信号经 C7 耦合至 VT1 基极，经 VT1 放大成幅值较大的信号，送至后极，又一对极性相反的管子 VT2、VT3（D325、C511）组成互补对称 OTL 功放电路，在同一音频信号激励下，正半周，VT2 导通，放大正半周信号，负半周 VT3 导通放大负半周信号，二管轮流工作，在负载上得到一个完整的音频信号。

2. OTL 功率放大电路中各元件的作用

R13 隔离电阻，RP1、R4 是 VT1 基极偏置电阻，R5 是 VT1 发射极偏置电阻，R10 限流电阻，R8、R9 直流负反馈电阻，R12、R14 是 VT3、VT2 基极偏置电阻，R18 是退耦电阻，R13 是输入电阻，C7 是输入耦合电容，C8 是自举升压电容，C9 是消振电容，C18 是退耦电容，C17 是交流旁路电容，C18 是滤波电容，VT1 是推动管，VD1 是稳定功放管工作点，VT2、VT3 是互补功放管组成的功放放大输出极，C14 是输出耦合电容。

知识链接 5 　 OTL 功放电路的注意事项

（1）测量负载两端的电压时要用毫伏表测量。

（2）功放管尽量要配对，否则最大不失真功率达不到要求。

（3）画图时，为了缩短坐标，幅频特性曲线可绘制在两张半对数坐标纸上。

（4）测量静态工作电流时，要先将万用表调到电流挡，否则会烧坏电路板。

知识链接 6 　 OTL 功放电路的设计记录

OTL 功放电路元器件清单

序号	品名	型号/规格	数量	配件图号	实测值
1	碳膜电阻	RT-0.5-1Ω	2	R8，R9	
2	碳膜电阻	RT-0.25-15Ω	1	R5	
3	碳膜电阻	RT-1W-16Ω	1	RL	
4	碳膜电阻	RT-1W-22Ω	1	R10	
5	碳膜电阻	RJ-0.25-62Ω	1	R14	
6	碳膜电阻	RJ-0.25-100Ω	1	R18	
7	碳膜电阻	RJ-0.25-330Ω	1	R12	
8	碳膜电阻	RJ-0.25-390Ω	1	R2	
9	碳膜电阻	RJ-0.25-470Ω	1	R6	
10	碳膜电阻	RJ-0.25-2KΩ	1	R13	
11	碳膜电阻	RJ-0.25-5.1KΩ	1	R4	
12	微调电阻	WS-50K	1	RP1	
13	电容	1000P	1	C9	
14	电容	CBB-63V-0.047uF	1	C17	
15	电解电容	CD-16V-4.7uF	1	C7	
16	电解电容	CD-25V-47uF	1	C8	
17	电解电容	CD-25V-100uF	1	C18	
18	电解电容	CD-25V-220uF	2	C13，C14	

续表

序号	品名	型号/规格	数量	配件图号	实测值
19	二极管	IN4148	1	VD1	
20	三极管	1008	1	VT1	
21	三极管	D325	1	VT2	
22	三极管	C511	1	VT3	
23	印制电路板	GK3-5 SGG W	1		

OTL 功放电路调测记录

工作点调试	电源电压	VC= V	中点 U	UA= V	静态电流 Ic= mA
输出调试	输出电压	Vo= V	信号 f	f= Hz	最大输出功率 Po= W
放大器输入	输入电压	Ui= V	信号 f	f= Hz	电压放大 A=
频率响应	信号频率	20Hz 100Hz		200Hz 1000Hz	5000Hz
	输出电压				

画频响特性:

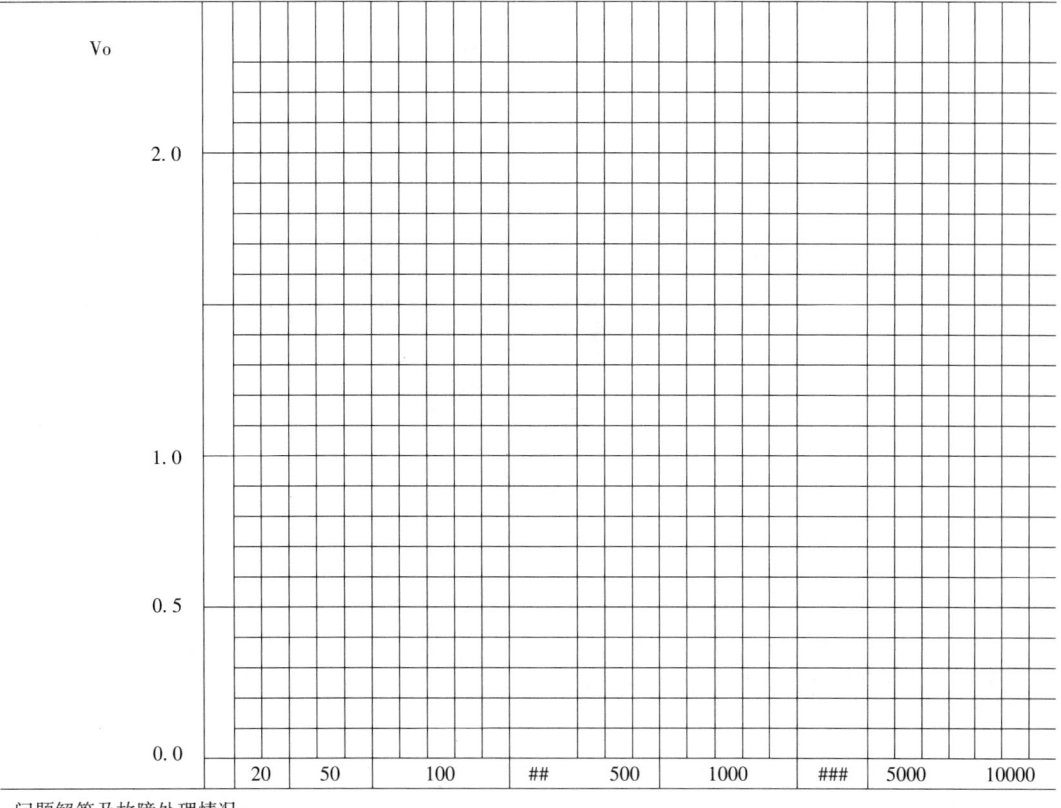

问题解答及故障处理情况:

任务三 调光灯电路的装接与调试

知识链接1 晶闸管的基本结构

晶闸管它的全称是晶体闸流管,又称可控硅,简称SCR。晶闸管是在晶体管基础上发展起来的一种大功率半导体器件。它的出现使半导体器件由弱电领域扩展到强电领域。晶闸管也像半导体二极管那样具有单向导电性,但它的导通时间是可控的,主要用于整流、逆变、调压及开关等方面。

晶闸管是具有三个PN结的四层结构,其外形、结构及符号如图10-9所示。

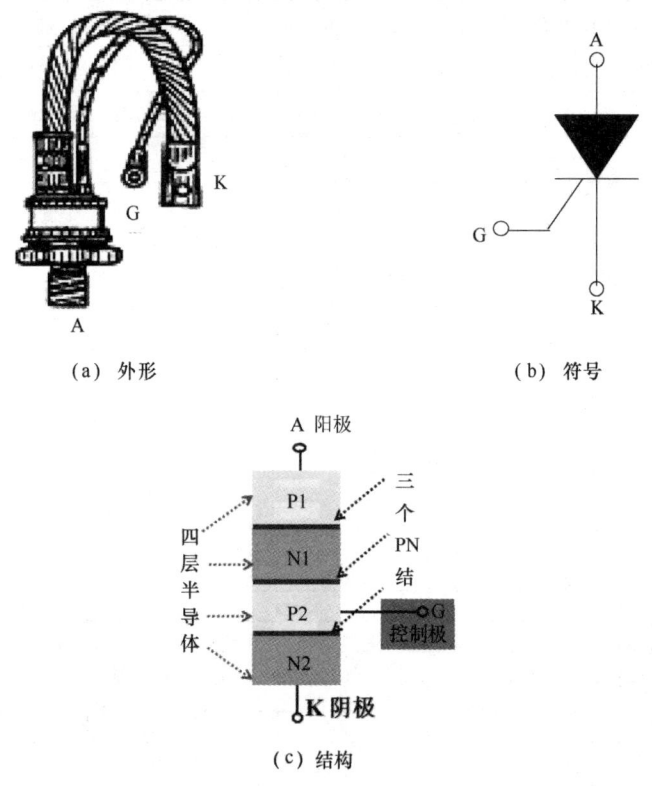

(a)外形　　　　　　　(b)符号

(c)结构

图10-9　晶体管的结构图

知识链接2 晶闸管导通的条件

晶闸管导通的条件:

(1)晶闸管阳极电路(阳极与阴极之间)施加正向电压。

(2)晶闸管控制电路(控制极与阴极之间)加正向电压或正向脉冲(正向触发电压)。

晶闸管导通后,控制极便失去作用。依靠正反馈,晶闸管仍可维持导通状态。

晶闸管关断的条件:

(1) 必须使可控硅阳极电流减小,直到正反馈效应不能维持。

(2) 将阳极电源断开或者在晶闸管的阳极和阴极间加反相电压。

知识链接3　单向晶闸管的检测

(1) 极性的判断　将万用表置于"R×1k"或"R×100"挡,如果测得其中两个电极的正向电阻较小,而交换表笔后测得反向电阻很大,那么以阻值较小的一次为准,黑表笔所接的就是门极G,而红表笔所接的就是阴极K,剩下的电极便是阳极。

(2) 质量的判断　将万用表置于"R×10"挡,黑表笔接阳极,红表笔接阴极,指针应接近∞,如图10-10所示。当合上S时,表针应指很小的阻值,约为60~200Ω,表明单向晶闸管能触发导通;断开S,表针回不到∞,表明晶闸管是正常的(有些晶闸管因为维持电流较大,万用表的电流不足以维持它导通,当S断开后,表针会回到∞,也是正常的)。如果在S未合上时,阻值很小,或者在S合上时表针也不动,表明晶闸管质量太差或已击穿、断极。

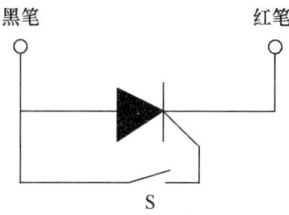

图10-10　单向晶闸管检测

知识链接4　调光灯电路的工作原理

(1) 单相半波可控整流电路

单相半波可控整流电路工作原理(电路见图10-11):

1) u_2 为正半周时,晶闸管VT承受正向电压,如果此时没有加触发电压,则晶闸管处于正向阻断状态,负载电压 $u_L=0$。

2) 当 $\omega_t=0$ 时,门极加有触发电压 u_g,晶闸管具备了导通条件,由于晶闸管正向压降很小,电源电压几乎全部加到负载上,$u_L \approx u_2$。

3) 在 $0<\omega_t<\pi$ 期间,尽管 u_g 在晶闸管导通后即已消失,但是晶闸管仍然保持导通,因此,在这期间,负载电压 u_L 依然和次级电压 u_2 保持基本相等。

4) 当 $\omega_t=\pi$ 时,$u_2=0$,晶闸管自行关断,$u_L=0$。

5) 当 $\pi<\omega_t<2\pi$ 时,u_2 进入负半周后,晶闸管承受反压,呈反向阻断状态,负载电压 $u_L=0$。在 u_2 的第二个周期里,电路将重复第一周期的变化。如此不断重复,负载 R_L 上就得到单向脉动电压,如上图C所示。

晶闸管从开始承受正向阳极电压到触发导通期间的电角度称为触发延迟角,用 α 表示。

晶闸管在一个周期内导通的电角度称为导通角,用 θ 表示,$\alpha=0°$ 时的输出电压波形如图10-13所示,$\alpha=30°$ 时的输出电压波形如图10-14所示,$\alpha+\theta=\pi$。

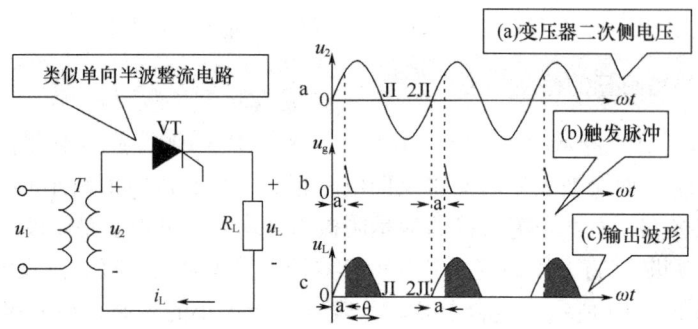

图 10-11 单向半波整流电路　　图 10-12 输出波形

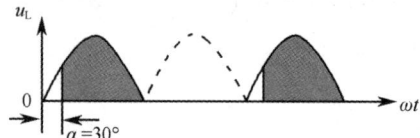

图 10-13 α=0°时的输出电压波形　　图 10-14 α=30°时的输出电压波形

单相半波可控整流电路参数计算公式：

电路参数	计算公式
输出电压平均值	$U_{RM} = \sqrt{2}U_2$
负载电流平均值	$U_L = 0.45U_2\dfrac{1+\cos\alpha}{2}$
通过晶闸管的平均电流	$I_T = T_L$
晶闸管承受的最大电压	$I_L = \dfrac{U_L}{R_L}$

（2）单相桥式可控整流电路

单相桥式可控整流电路工作原理（电路见图 10-15）：

1）u_2 为正半周时，二极管 VD_1、VD_4 承受正向电压，VD_2、VD_3 承受正向电压，如果未加触发电压，则晶闸管处于正向阻断状态，$u_L = 0$。

2）当 $\omega_t = \alpha$ 时，加有触发电压 u_g，晶闸管 VT 导通，电路中的电流方向如图实线所示。u_L 和 u_2 基本相等。

3）$\alpha + \theta$ 在 $<\omega_t < \pi$ 期间，尽管 u_g 在晶闸管导通后已消失，但是晶闸管仍然保持导通。因此，在这期间，u_L 依然和 u_2 保持基本相等。极性为上正下负，$i_{VD1} = i_{VD4} = i_L$。

4）当 $\pi < \omega_t < 2\pi$ 时，u_2 进入负半周后，二极管 $VD_2 \sim VD_3$ 承受正向电压，VD_1、VD_4 承受反向电压，只要触发脉冲 u_g 到来，晶闸管 VT 就导通，电流方向如图中虚线所示。$u_L \approx u_2$，方向仍为上正下负，$i_{VD2} = i_{VD3} = i_L$。

在 u_2 的第二个周期里，电路将重复第一周期的变化。如此不断重复，负载 R_L 上就得到单向脉动电压，如图 10-11 所示。

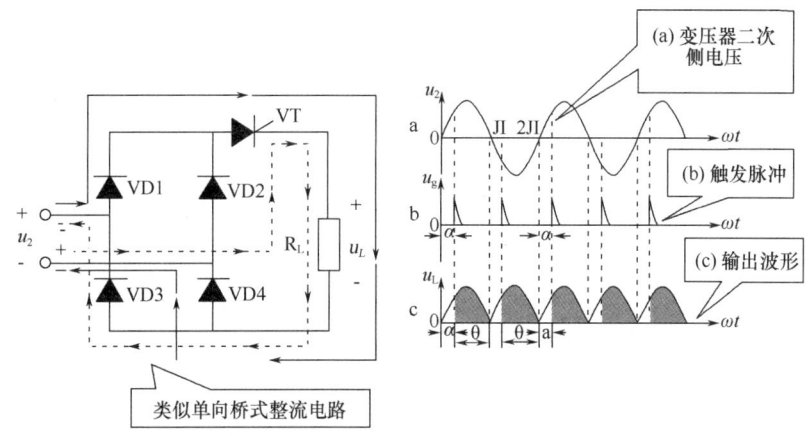

图 10-15　单相桥式可控整流电路　　图 10-16　工作波形图

$\alpha = 0°$ 时的输出波形见图 10-17，$\alpha = 30°$ 时的输出波形见图 10-18。

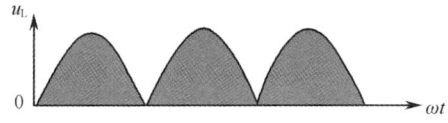

图 10-17　$\alpha = 0°$ 输出波形　　　　图 10-18　$\alpha = 30°$ 输出波形

单相桥式可控整流电路参数计算公式：

电路参数	计算公式
输出电压平均值	$U_L = 0.9 U_2 \dfrac{1 + \cos\alpha}{2}$
负载电流平均值	$I_L = \dfrac{U_L}{R_L}$
通过晶闸管的平均电流	$I_T = T_L$
晶闸管承受的最大电压	$U_{RM} = \sqrt{2} U_2$

知识链接 5　调光灯电路的设计记录

调光灯电路的元器件清单

序号	分类	名称	型号规格	数量
1	VD1～VD4	整流二极管	1N4007	4
2	V6	单结晶体管	BT33	1
3	V5	晶闸管	3CT151	1
4	C	电容器	0.02μF	1

续表

序号	分类	名称	型号规格	数量
5	RP	带开关电位器	470kΩ	1
6	R1	电阻器	51kΩ	1
	R2		300Ω	1
	R3		100Ω	1
	R4		10kΩ	1
7	HL	灯泡	220V 25W	1
8	其他	实验板，导线等		

调光灯电路的调测记录

电路波形绘制

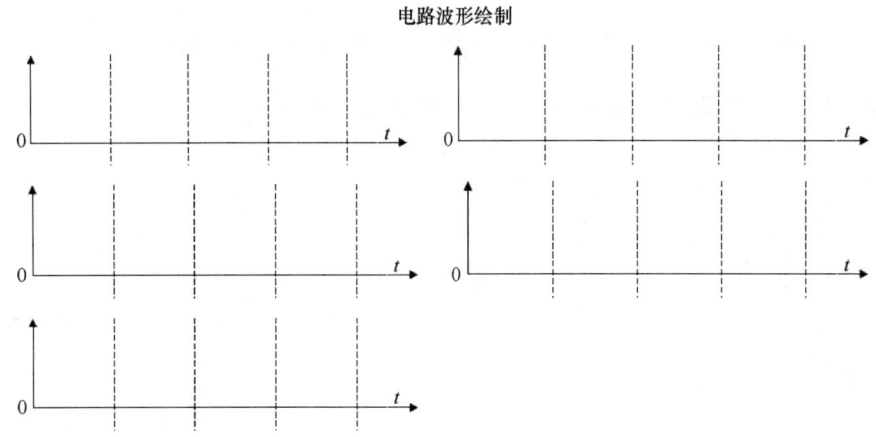

参 考 文 献

1. 姜治臻. PLC 项目实训—FX2N 系列［M］. 北京：高等教育出版社，2008.
2. 赵承荻，张琳. 电气控制线路安装与维修［M］. 北京：高等教育出版社，2006.
3. 谷俊婷. 维修电工考级指南［M］. 北京：高等教育出版社，2006.
4. 赵承荻，李乃夫. 维修电工实习与考级［M］. 北京：高等教育出版社，2010.
5. 施永. PLC 操作技能［M］. 北京：中国劳动社会保障出版社，2006.
6. SMT 技术基础与设备［M］. 北京：人民邮电出版社，2010.